問題・予想・原理の数学 2

周期と実数の0−認識問題

Kontsevich-Zagier の予想

加藤文元・野海正俊 編　　吉永正彦 著

数学書房

編　者

加藤文元
東京工業大学

野海正俊
神戸大学

シリーズ刊行にあたって

　昨今，大学教養課程以上程度の専門的な数学をもわかりやすく解説する〈入門書〉が多く出版されるようになり，内容的にも充実してきたと思う．そのような中にあって，理論の概略や枠組みを提示するだけでなく，そもそもの動機は何であったのか，あるいはその理論の研究を推進している原動力は何なのか，といった観点から書かれた本のシリーズを作りたい．

　パッケージ化され製品化された無重力状態の理論を展開するだけでなく，そこに主体的に関わる研究者達の目線から，理論の魅力が情熱的に語られるようなもの．「小説を読むように」とまでは期待できないにしても，単なる〈入門書〉や〈教科書〉ではなく，その分野の中でどのような問題・予想が基本的なものとして取り組まれ，さらにはそれに取り組んできた，あるいは現在でも取り組んでいる研究者たちの仕事・アイデア・気持ち・そして息遣いまでもが伝わるような「物語性」を込めた内容を目指したい．

　このような思いからシリーズ『問題・予想・原理の数学』の刊行を計画し，気鋭の研究者たちに執筆を依頼した．このシリーズを通して，数学の深層にも血の通った領域をいくつも見出し，さらなる魅力的な高みを感じ取られんことを願う．

2015 年 11 月　　　　　　　　　　　　　　　　　　　　　　　　編　者

まえがき

　円周率を表す公式は膨大にある. 20 世紀に見つかったものだけでも山のようにあるし, 21 世紀に見つかったものすらある. 円周率を求める努力は紀元前のアルキメデスから始まるが, 決定的な出来事は微分積分の発見であろう. 微分積分以降, 円周率を表す公式の発見には実に多くの分野の知見が生かされている. 現在知られている公式のほとんどは微分積分なくしては発見されなかったであろう. 円周率が関係している公式の多様性は, 微分積分の大きな成功と繁栄の象徴といえるかもしれない.

　一方で歴史を振り返ってみると, 数学は単に diverse な発展だけからなるというわけではないはない. ユークリッド幾何は主に平面上の直線と円 (または円錐曲線) に関する数学で, 古代ギリシア以来膨大な蓄積があったが, 座標平面の発見により代数的な問題へと帰着された. 座標を使った代数的な図形の記述は, ユークリッド幾何に対する統一的な扱いを提供する一方で, 次数の高い曲線や高次元の図形を扱う道を拓いた. これら新しい図形に対しても, 微分積分のおかげで接線, 面積, 体積などを統一的に扱うことができるようになり, 微分幾何が生まれた. また, 図形の連続変形を許すという視点からトポロジーが,「多項式を使って図形を表示する」という点に注目することで代数幾何が生まれ, この百数十年発達してきた. 話は飛ぶが, 最近の導来圏を使った代数幾何学は, 部分多様体, 多様体の上の層, 微分方程式など全く素姓の違うと考えられていたものを統一的に扱う枠組みを提供しており, 空間とは何かという根源的な問いに対して新しい方向を提示していると考えられている.

　このように, 数学は多様な研究とそれらを統一する概念や視点の導入, さらに新たなレベルでの深化を繰り返すことで発展してきた.

　2001 年に発表された Kontsevich-Zagier の「周期」([52]) は, 円周率に代表されるような, 実数の「積分表示」の多様性に対して, 統一的な視点 (予想) を提供し, その先にある美しい世界を垣間見させてくれる論説である.

　数学は歴史的に様々な必要性に応じて, 数の世界を広げてきた,

$$\mathbb{N} \subset \mathbb{Z} \subset \mathbb{Q} \subset \mathbb{R}.$$

現在では実数の集合 $\mathbb{R}$ は「有理数列の極限として得られる数全体」($\mathbb{Q}$ の完備化) として定めるというのが標準的である．つまり，$\mathbb{Q}$ というよく分かる集合から，「極限」を付け加えることで $\mathbb{R}$ を得るのである．我々は $\mathbb{Q}$ の中では様々なことを正確に行うことができる．たとえば二つの有理数 $\frac{a}{b}$ と $\frac{c}{d}$ が等しいかどうかをアルゴリズミックに確かめることができる (0-認識問題)．さらに，四則演算を自由に正確に行うことができる．有理数ではない実数 (無理数) というのは定義から有理数列の極限であるから，これらの数の間の四則演算は「有理数列の極限」という定義を使って実行されるのであろうか？

$$\sqrt{2} \times \sqrt{3} = \sqrt{6}$$

という中学で習う公式は，必ずしもそうではないことを教えてくれている．我々は，$\sqrt{2}$ や $\sqrt{3}$ に収束する有理数列を具体的に知らなくても，上の公式が正しいことを証明できる．これは，有理数と同様の代数的な統制が有理数の外にも (すべての実数ではないが) 及んでいるということを意味している．さらに，$\sqrt{2}$ という数の定義を思い出すと，「$x^2 - 2 = 0$ を満たす正の実数 x」であった．$\sqrt{2}$ を解にもつ (有理数係数) 方程式は無数にあるが (たとえば $x^4 - 4 = 0$)，それらはすべて多項式として $x^2 - 2$ で割り切れるという性質を持っている．この意味で，$\sqrt{2}$ が満たす方程式は本質的にただ一つであることが分かる．まとめると，$\sqrt{2}$ や $\sqrt{3}$ たちが住んでいる代数的数 $\overline{\mathbb{Q}}$ の世界でも，

- 極限を使わないで様々な操作をすることができという代数的な統制，
- 本質的に一意的な表示，

を持つことが分かる．

Kontsevich-Zagier のアイデアは「積分表示」に注目することで，代数的数より広い世界を扱おうというものである．たとえば円周率は

$$\pi = \int_{x^2+y^2<1} dxdy = 2\int_{-1}^{1} \sqrt{1-x^2}dx = \int_{-1}^{1} \frac{dx}{\sqrt{1-x^2}} = \int_{-\infty}^{\infty} \frac{dx}{1+x^2}$$

のような積分表示を持つ．「周期」と呼ばれる積分表示を持つ実数たちを考えることで，代数的数よりも広いクラスの数を扱うことができるようになるのである．

しかし，この「代数的数よりも広いクラス」で良いものを見つけたいという問題意識は古いもので，数々の試みがあり，本書でもいくつか触れることになる．他と比べて，Kontsevich-Zagier の「周期」が独特であるのは，有理数や代数的数と同じ意味での代数的統制を，「周期」まで広げられるのではないかという予想を明示的に述べた点であると思う．

　「代数的統制」と「表示の本質的な一意性」が，代数的数を超えて，積分表示を持つ実数たちの世界まで及んでいるという美しい世界観 (予想) は多くの人の心を打ち，専門家からアマチュアまで，物理学者から数理論理学者まで多くの人の実数観に影響を与えた．積分を扱う上での新しい思考パターンを確立したといえる．実は，数論や代数幾何の専門家の間では「Grothendieck の周期予想」として近い内容のものが以前から知られていた．Kontsevich-Zagier の予想は，「Grothendieck の周期予想」の核心の哲学を弱めることなく，より初等的な言葉で述べた点が大きかった．このようにして数学のすそ野が広がっていくのであろう．

　Kontsevich-Zagier の予想を解くことは大変難しいと考えられ，現時点では有効なアプローチのアイデアすらない．個人的には，Kontsevich-Zagier の予想は，そこに予想としてあってくれるだけで幸せな予想，解けなくてもよいが，その予想を心の中で唱え，それが予言する世界に思いを馳せるだけで幸せになり，自分でもなにかやりたいという冒険心をかき立てられる予想である．初等的な言葉で述べられる予想ではあるが，今後長い期間，人間の精神活動に喜びと活力を与え続け，数学を進展させるエネルギーを与え続けるのではないかと考えている．

　このような周期に関する Kontsevich と Zagier の予想が本書のテーマである．Kontsevich-Zagier の予想は本質的に「二つの周期が与えられたときに，それらが等しいかどうかを判定できるか？」という 0-認識問題に対して「積分の変形で移りあうかどうかを見ることで判定できる」という主張をするものである．

　以下，各章の内容を簡単にみてみよう．

　第 1 章ではまず二つの実数が等しい／異なるというのはどういうことかを考える．ギリシアの三大作図問題を，実数の代数的構造の理解を 2000 年以上にわたってリードしてきた問題と位置づけて紹介し，代数的数の範囲に限れば，我々は近似などを使うことなく，正確に四則演算などの操作をすることができること

をみる．

第 2 章では本書の主要テーマである Kontsevich-Zagier の予想を紹介する．抽象的周期環を使ったものや，最近の Ayoub による定式化なども紹介する．また，「代数的数より広い数のクラスの定義」の試みとして，梅村の初等数，古典数にも触れる．

第 3 章では Kontsevich-Zagier の予想の背景にあるアイデアの起源を歴史をさかのぼって探してみたい．微分積分の創始者のひとりの Leibniz が既に関数や積分の超越性に触れる発言や手紙を残している．Leibniz は記号やその変換規則を適切に定めれば，すべての真理を記号の操作に帰着できるという構想（「普遍記号論」）を持っており，Kontsevich-Zagier の予想も（筆者の個人的見解では）自然にその延長上にあるように思われる．Leibniz が現在使われている微分積分の記号を使い始めた時点から何十代にもわたって，我々の思考法も大きな制約を受けているのかもしれない．

第 4 章は，周期などの積分を扱う際に技術的に重要になる実代数幾何の枠組みをいくらか紹介する．

第 5 章では，「不可能性」に関する知られていることを紹介する．Kontsevich-Zagier の予想は，周期が等しいかどうかを判定するアルゴリズムの存在を予想している（このこと自体は第 6 章で述べる）．他方，Turing にはじまる計算可能実数の範囲では，二つの実数（を近似する有理数列が与えられたとき）に対して，それらが等しいか否かを判定するアルゴリズムは存在しないことが知られている．そのことと，さらに初等的関数の範囲でも，決定不可能な問題があるという結果を紹介する．

第 6 章では，Kontsevich-Zagier の予想と同様に，積分に関連した二つの大予想，Hodge 予想と Grothendieck の周期予想，の紹介をする．Hodge 予想を仮定すると，代数多様体の与えられた位相的サイクルが代数的かどうかを判定するアルゴリズムの存在が示せることを Simpson の論文に沿って紹介する．またこれと同様の議論により，Kontsevich-Zagier の予想からは周期の 0-認識問題を解くアルゴリズムの存在を示すことができる．

第 7 章では，Kontsevich-Zagier の予想が示唆している事実として，「円周率に収束する級数は本質的に一つではないか」という予想の定式化をする．現在

知られている円周率に収束する多くの級数はホロノミック級数というクラスに属している．ホロノミック級数の変形規則をいくつか定式化して，二つのホロノミック級数の極限が等しくなるためには，これらいくつかの変形規則を使って互いに移りあうことが必要十分条件であろうという形で定式化を目指す．

第 8 章は Kontsevich-Zagier の予想の一つの簡単な類似の問題として，多面体の格子点の問題を扱ってみる．大雑把に説明すると，二つの多面体内の格子点の数が等しいときに，それらの格子点の間に自然な全単射を作ることができるか？という問題を扱う．数学では難問が解けなくても，「似ているが解ける問題」を探すことそれ自体の楽しさを伝えたい．

各章の間には，あまり強い論理的なつながりはない．というわけで，特に最初から読んでもらう必要はない．予備知識についても，特にモデルとなる読者のレベルを想定するようにはせず，各章まちまちである．たとえば第 1 章 (の一部) は筆者が何度か大学一年生向けに講義した内容である．高校数学程度の予備知識で読めるのではないかと思う．一方，第 6 章は定義は一通り述べたが，この章の内容を理解するにはある程度代数幾何に慣れていることが必要であろう．これも「周期」が関係した問題は，初等的な装いをしている部分もあるが，様々な深い数学と関係していることを反映しているのだと考えている．

最後に私事ではあるが，筆者が周期との付き合いをもったいきさつを述べたい．最初に Kontsevich-Zagier の論説「周期」の存在を知ったのは，大学院生時代に指導教官の斎藤恭司先生から「皆が漠然と感じていたことをうまくまとめてある」というような評を聞いたときだったと思う．斎藤先生の評を聞いて気になっていたのだが，実際に論説そのものを読んだのは数年後にポスドクをしているころだった．すぐに引き込まれ，自分でも何かやりたいと思い，周期でない数に収束する数列を生成するアルゴリズムを書き下したプレプリントを 2008 年に ArXiv に投稿した．このプレプリントがきっかけで，国内外で十数回講演させてもらう機会を頂き，講演のたびに新しい人に興味を持ってもらい，様々な分野の専門家と話す機会を持つことができた．周期に関する Kontsevich-Zagier の予想や，Turing の計算可能実数の構想がもつ普遍的な重要性のゆえだろうと思っている．そのような事情で Kontsevich-Zagier の予想周辺の本の執筆依頼が

筆者の所に来たのだと思われる.

謝辞 これまで筆者が所属した神戸大学, 京都大学, 北海道大学の同僚, 事務や図書の職員, 学生の方々にまず感謝したい. 筆者が日常的に数学的刺激に満ちた生活を送ることができているのは皆様のおかげである. これまで講演機会を頂いた様々なセミナーや研究集会のオーガナイザーや聴衆の皆様, そこで頂いた多くのコメントにも感謝したい. 多すぎて一つ一つの出来事を挙げることはできないが, 本書の大部分は, これら多くの方々とのコミュニケーションから発展したものである.

数学の指導と「周期」を読むきっかけを与えてくれた斎藤恭司先生, 上述のプレプリントを書いた際に一番身近にいて, いち早く後押しして下さった齋藤政彦先生にも感謝したい. 両先生のサポートがなければ, 周期に関する本を執筆するという得難い機会は得られなかったと思う.

実はこのテーマは将来いつか自分で好きなように書きたいと思っていたテーマであった. 思いがけず, 数学書房から周期に関する本を書かないかというお誘いを頂き感謝している. 依頼を受けた時点では, 時期尚早であるというのが率直な思いであったが, しかしそのようなことをいっていてはいつまでたっても機は熟さないことを恐れて, 思い切って引き受けることにした. 機会を与えてくれた編集委員の加藤文元先生, 野海正俊先生, また筆者の筆が遅いのを我慢強く耐えてくださった数学書房の川端政晴氏に感謝したい.

最後になるが, 日常を支えてくれ, 執筆を優先するために色々と不便をかけた家族, とくに妻には, 感謝したい. 最初に (部分的に) 読んでコメントをくれたのは妻である. 執筆を引き受けた時点で一歳だった娘は三歳になった. その間, 言葉を覚え, 数を数えられるようになるプロセスに参加することができたことは, 本書の執筆の上でも影響があったと思う. 筆者にとって「数えたり積分したりすること」がなぜこんなに面白いのか自分でも分からないのだが, 娘 (おそらく多くの子供) にとっても「数えること」が面白いらしいことを知り, 数えたり積分したりすることには根源的な面白さがあるのだろうという自信をもらった.

2015 年 7 月

吉 永 正 彦

目　次

第 1 章　整数, 有理数, 代数的数　　1
  1.1　π と e を巡る噂 1
  1.2　ギリシアの三大作図問題 4
  1.3　代数的数 10
  1.4　実代数的数に対する Interval arithmetic (区間算術) 12
  1.5　代数的数と超越数 22

第 2 章　Kontsevich-Zagier の予想　　24
  2.1　周期の定義と基本性質 24
  2.2　周期の間の関係式：Kontsevich-Zagier の予想 30
  2.3　抽象的周期環 35
  2.4　Ayoub による定式化 37
  2.5　初等的数, 古典数 39

第 3 章　Leibniz　　42
  3.1　略　伝 43
  3.2　π の算術的求積 45
  3.3　普遍記号論 51
  3.4　積分の超越性を巡って 56

第 4 章　明示的代数幾何学　　65
  4.1　量化記号消去 65
  4.2　CAD 73
  4.3　三角形分割と半代数的写像の自明化 80
  4.4　複素代数幾何と実代数幾何 81

第 5 章　計算可能実数と 0-認識問題　　83
  5.1　Turing と計算可能実数 83
  5.2　再帰的関数 84
  5.3　再帰的関数の Gödel 数 91
  5.4　停止問題, 決定不可能性, 非再帰的集合 92

5.5	計算可能実数	94
5.6	Hilbert の第 10 問題	98
5.7	初等関数に関する決定不可能性	100

第 6 章　Grothendieck の周期予想と Hodge 予想　　106

6.1	層, コホモロジー, 超コホモロジー	107
6.2	代数的 de Rham コホモロジー	112
6.3	代数曲線上の代数的 de Rham コホモロジーとその積分	118
6.4	代数的サイクルと Grothendieck の周期予想	121
6.5	Hodge 予想	124
6.6	サイクルの代数性判定	125
6.7	周期の 0-認識問題	129

第 7 章　ホロノミック実数　　132

7.1	円周率の関係した公式	132
7.2	形式的冪級数環と Weyl 代数	135
7.3	ホロノミック級数：一変数	140
7.4	代数関数のホロノミック性	146
7.5	Fourier 変換	148
7.6	ホロノミック級数：多変数	155
7.7	定義可能ホロノミック級数	160
7.8	ホロノミック数	161
7.9	定義可能ホロノミック級数の変換規則	162
7.10	他の変形規則	166

第 8 章　Kontsevich-Zagier の予想と類似の問題　　171

8.1	組合せ論的類似	171
8.2	全単射的証明	172
8.3	そもそも全単射証明とは何なのか?	173
8.4	格子多面体の Ehrhart 多項式	175
8.5	半多面体的集合の Grothendieck 半群	180

関連図書　　185

索　引　　191

第1章
整数, 有理数, 代数的数

1.1 π と e を巡る噂

円周率 π と自然対数の底 e は数学や応用上最も重要な定数で, たくさんのことが知られている. しかし何でも分かっているというわけではない. たとえば $e+\pi$ は超越数だろうと予想されているが, 無理数かどうかもまだ分かっていない. そんな数たちに関する二つの噂話からはじめよう.

噂 1 ([22])　数学に関するパズルで有名な Martin Gardner が Scientific American 誌 1975 年 4 月号に書いた記事によると, $e^{\pi\sqrt{163}}$ がピッタリ整数になり, その値は

$$640320^3 + 744 = 262537412640768744$$

であるらしい.

本当だろうか? 超越数論の結果 (Gelfond-Schneider の定理) から, $e^{\pi\sqrt{163}}$ は超越数なので, もしこれが整数になったら一大事である. とりあえず計算機に $e^{\pi\sqrt{163}}$ を近似計算してもらうと,

$$262537412640768743.999999999\cdots$$

という答えが返ってくる. もしかしたら噂 1 は正しいのかもしれない. しかしもう少し先まで近似計算してもらうと,

$$262537412640768743.99999999999925007\cdots$$

らしいので, どうもやはり整数になるのは嘘らしい. エイプリルフールの冗談なのだろう.

噂 2 数列 c_n を

$c_0 = 5, \ c_1 = -\dfrac{1}{3},$

$c_n = -\dfrac{(2n-1)(2n^3-5n^2+n-1)}{n(2n+1)(2n^2-3n+2)} \cdot c_{n-1} + \dfrac{(2n-3)(2n^2+n+1)}{n(2n+1)(2n^2-3n+2)} \cdot c_{n-2},$

で定める. このとき,

$$\sum_{n=0}^{\infty} c_n = e + \pi$$

であるらしい.

本当だろうか？ そもそも $e+\pi$ が, $2n^3-5n^2+n-1$ のようなわけのわからない多項式と関係しているものなのだろうか？ とりあえず最初の一万項の和を計算機に計算してもらうと,

$$\sum_{n=0}^{10000} c_n = 5.85997447204959\cdots$$

$$e + \pi = 5.85987448204884\cdots$$

となるので, 確かに小数点以下 3 桁くらいは一致しているようである. しかしだからといって現時点では噂 2 が正しいのかどうかは分からない. 噂 1 は小数点以下 10 桁以上「整数かもしれない」という証拠があるにもかかわらず, 正しくなかったのである.

上の数列は Fibonacci 数列のように線形な漸化式で定義されていることに注意しておく. このような (有理関数係数の) 線形な漸化式を持つ級数の一般論は第 7 章で紹介する. 噂はあくまで噂ということで, ここでは噂 2 の真偽は述べない.

ここで我々が直面した問題は, 両方とも「二つの実数は一致するか？」という問題である. 噂 1 への対処から分かるように, 実数に収束する数列のアルゴリズムを知っているとすると, 我々は二つの実数が「異なる」ことを示すためには, 近似計算を頑張れば良い. しかし噂 2 のように, 「一致すること」を証明するのは, 近似計算だけでは太刀打ちできない. もし仮に 100 桁一致したとしても, 101 桁目以降が異なる可能性は排除できないからである. いくら頑張って近似計算して, それがどんどん $e+\pi$ に近づいていっていることが観察できたとしても,

それが実際に $e+\pi$ に収束するとは結論付けられないのである．そのためには「証明」を与えなければいけない．これは有理数の場合との大きな違いである．たとえば，我々は「$\frac{35}{21}$ と $\frac{15}{9}$ は一致するか？」と問われれば直ちに一致すると答えられる．一方で「$\sum\limits_{n=0}^{\infty} c_n$ と $e+\pi$ は一致するか？」と問われても，(少なくとも筆者には) 何をしたらいいのか分からない．噂を信じて正しい証明を探すか，一致しない方に賭けて，近似計算を頑張るのかどちらを選ぶべきかすら迷うだろう．

そもそも実数とは何だろうか？ 私たちは小学校で算数を習い始めて以来，整数，有理数と徐々に複雑なものへと進んできた．有理数の集合は，その中で加減乗除の四則演算ができるなど，ある種の閉じた体系にはなっている．しかし二次方程式を解こうとすると，$\sqrt{2}$ のような 2 次以上の方程式の解たちが入っていない．有理数の集合 $\mathbb{Q}$ には実はたくさんの"隙間"があるからである．この"隙間"を埋める作業は完備化と呼ばれる．「有理数の集合をあるやり方で完備化したものを実数の集合とする」というのが現在の標準的な実数の定義である．完備化することで実数の集合は直線と同一視することができるようになる．実数の

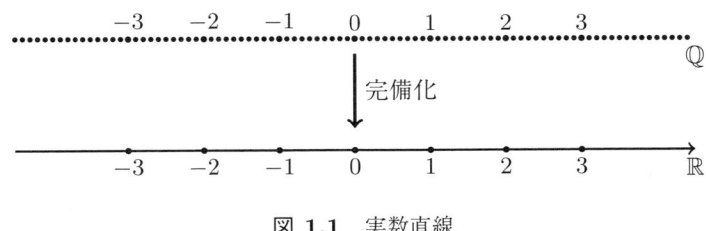

図 **1.1** 実数直線

集合 $\mathbb{R}$ は「$\mathbb{Q}$ を完備化したもの」であるという明快な定義に到達したのは，19 世紀の後半であるのでそれほど昔ではない．だからといってそれ以前に実数に関する研究がなかったわけではない．むしろ明快な定義に至るために，実数に対する理解を深めることが必要であった．後知恵ではあるが，今から思うと数学者たちは古来，$\mathbb{R}$ の中で，自分たちのが扱える範囲を徐々に広げようという努力を続けてきたと見ることができる．ただ直線を描いて「これが実数直線です」というだけでは済ますことのできない精緻な世界が広がっているのである．

1.2　ギリシアの三大作図問題

実数 $\mathbb{R}$ の理解へむけて, 決定的な役割を長い間にわたり果たしてきた問題はいわゆる「ギリシアの三大作図問題」であろう.

ギリシアの三大作図問題　定規とコンパスだけを使って以下を作図せよ.
(1) 与えられた角を三等分すること (角の三等分).
(2) 与えられた立方体の体積の二倍に等しい体積を持つ立方体を作ること (立方体倍積問題).
(3) 与えられた円と等しい面積を持つ正方形を作ること (円積問題).

これらの問題は解決まで非常に長い時間を要した. [15] によると, 紀元前 5 世紀 (紀元前 440 年頃) にはこれら三つの問題がギリシア数学の焦点となっていたとのことである. ギリシアの数学は, アラビアに受け継がれ, インドやアラビアで発達した代数と共に 11〜12 世紀に再びヨーロッパに輸入される ([47]). その後ヨーロッパでの独自の数学の発展の後に, 19 世紀になって三大作図問題は全て否定的に解かれた [1]. その解決には, 二つの大きな発見が必要であった. 一つ目は座標の概念である. 座標を使うと, 平面上の直線や円はそれぞれ $ax+by+c=0$, $(x-a)^2+(y-b)^2=r^2$ のように変数 x,y に関する多項式を使って表すことができ, 交点を求めることは連立方程式を解くことに対応する. 幾何学的な操作を代数的な操作に翻訳することができるようになるのである. たとえば (長さ 1 の線分が与えられたとき) 角度 θ の角を作図することと, 長さ $\cos\theta$ の線分を作図することは同値である. この言い換えを使うと, 作図問題は次のように定式化できる.

ギリシアの三大作図問題の言い換え　平面上に長さ 1 の線分が与えられているとする. このとき以下を作図せよ.

---

[1] 角の三等分および立方体倍積問題は Wantzel(1837), 円積問題は Lindemann(1882) による.

(1) 長さ t の線分 $(0 \leq t \leq 1)$ が与えられたとき, x に関する方程式 $4x^3 - 3x = t$ の根 α の長さを持つ線分を作図せよ [2]).
(2) 長さ $\sqrt[3]{2}$ の線分を作図せよ.
(3) 長さ $\sqrt{\pi}$ の線分を作図せよ.

このように, ギリシアの三大作図問題は「長さ○○の線分を作図せよ」という共通の形をしていることが分かる. これらが否定的に解かれたということは, 長さ $\sqrt[3]{2}$ の線分や長さ $\sqrt{\pi}$ の線分は作図できないということである. つまり正の実数の集合 $\mathbb{R}_{>0}$ の中には, その長さを持つ線分が作図できないような数 $\alpha \in \mathbb{R}_{>0}$ が存在しているのである. どうやって証明するのだろうか? まず明らかなことは, 作図不可能な長さが存在するという事実である. これは集合論の濃度の議論から明らかである. というのも, 作図可能な長さ全体というのは, 可算集合にすぎず, 一方正の実数の集合 $\mathbb{R}_{>0}$ は非加算無限集合なのでこれらは一致しない. しかしこの議論は特定の実数については無力で, $\sqrt[3]{2}$ が作図可能かどうかというような精密な問いには何も答えてくれない.

作図による線分の構成方法は, 長さ 1 のものから出発して, 徐々に複雑な長さを持つ線分へと進む. この状況を素直にとらえるために, たとえば自然数 n に対して, 定規とコンパスの使用回数が n 回以下で作図できる長さの集合

$$C_n := \left\{ \alpha \in \mathbb{R}_{>0} \,\middle|\, \begin{array}{c} \text{長さ } \alpha \text{ の線分を定規とコンパスを} \\ n \text{ 回以下の使用で作図できる} \end{array} \right\}$$

を考えてみるのはどうだろうか? $C_0 = \{0, 1\}, C_1 = \{0, 1\}, C_2 = \{0, 1, 2\}, \cdots$ と手順の回数を増やすことで作図できる線分の長さが徐々に増え,

$$C_0 \subseteq C_1 \subseteq C_2 \subseteq \cdots \subseteq C_{1000} \subseteq \cdots$$

という $\mathbb{R}_{>0}$ の部分集合列が得られる. 各 C_n は有限集合であるが, 全ての和集合 $\bigcup_{n=1}^{\infty} C_n$ は作図可能な線分の長さ全体となる. よって上の作図不可能性は

---

[2]) 3 倍角の公式 $\cos 3\theta = 4\cos^3 \theta - 3\cos \theta$ を使った. "長さ $\cos 3\theta$ の線分が与えられたとき長さ $\cos \theta$ の線分を作図せよ."

$$\sqrt[3]{2}, \sqrt{\pi} \notin \bigcup_{n=1}^{\infty} C_n$$

と定式化できる.しかし筆者にはこの「作図の回数を徐々に上げていくことで複雑な長さを持つ線分を作る」という素朴な理解に基づいた定式化で作図不可能性が証明できるとは思えない.作図の不可能性の証明には,もう一つ決定的な概念が必要になる.「**体とその拡大**」である.

定義 1.1 実数の部分集合 $K \subset \mathbb{R}$ が $\mathbb{R}$ の**部分体**であるとは,K が四則演算で閉じていることとする.すなわち,任意の $a, b \in K$ に対して,$a \pm b, a \times b, \frac{a}{b} \, (b \neq 0) \in K$ となることである.

$K = \mathbb{Q}$ および $\mathbb{R}$ は共に $\mathbb{R}$ の部分体の例である.他にはたとえば有理数 $a, b \in \mathbb{Q}$ を使って $a + b\sqrt{2}$ と表される実数全体

$$\mathbb{Q}(\sqrt{2}) = \{a + b\sqrt{2} \mid a, b \in \mathbb{Q}\}$$

も $\mathbb{R}$ の部分体である.これは

$$(a + b\sqrt{2}) \pm (c + d\sqrt{2}) = (a \pm c) + (b \pm d)\sqrt{2},$$
$$(a + b\sqrt{2})(c + d\sqrt{2}) = (ac + 2bd) + (ad + bc)\sqrt{2},$$
$$\frac{1}{a + b\sqrt{2}} = \frac{a - b\sqrt{2}}{a^2 - 2b^2}$$

より明らかであろう.この事実は次のように一般化される.

命題 1.2 $K \subset \mathbb{R}$ を部分体とする.$m \in K, m > 0$ かつ,$\sqrt{m} \notin K$ とする.このとき,集合

$$K(\sqrt{m}) = \{a + b\sqrt{m} \mid a, b \in K\}$$

も $\mathbb{R}$ の部分体である.

この命題の証明は省略するが,$K(\sqrt{m})$ のように,ある数の平方根を添加して得られる拡大体を K の**二次拡大**という.

ここで作図可能な線分の長さ (およびその (-1) 倍) 全体のなす集合を考える.

定義 1.3 実数 $\alpha \in \mathbb{R}$ が**作図可能実数**であるとは，平面上の長さ 1 の線分が与えられたときに，コンパスと定規を有限回使うことで長さ $|\alpha|$ の線分が作図できることとする．作図可能実数全体のなす集合を $\mathbb{R}_{\text{const}}$ で表す．

すぐ分かることは，作図可能な実数全体 $\mathbb{R}_{\text{const}}$ は加減乗除で閉じており，$\mathbb{R}$ の部分体をなす．(この事実の証明は詳しくは述べないが，図 1.2 を参照．) このことから，$\mathbb{Q} \subset \mathbb{R}_{\text{const}}$ であることが分かる．さらに，$m > 0$ が作図可能実数であれば $\sqrt{m}$ も作図可能，言い換えると $\mathbb{R}_{\text{const}}$ は二次拡大で閉じていることが次の定理から分かる．

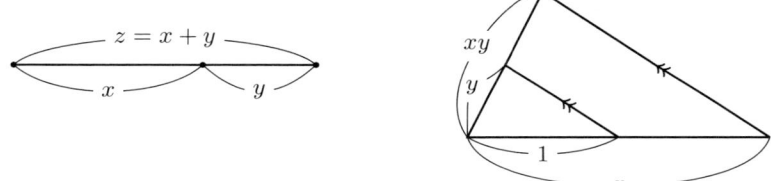

図 1.2 作図可能実数の加減乗除

定理 1.4 正の作図可能実数 $m \in \mathbb{R}_{\text{const}}$ に対して，$\sqrt{m} \in \mathbb{R}_{\text{const}}$．

証明は直径が $1 + m$ の半円を使った図 1.3 の作図を参照．

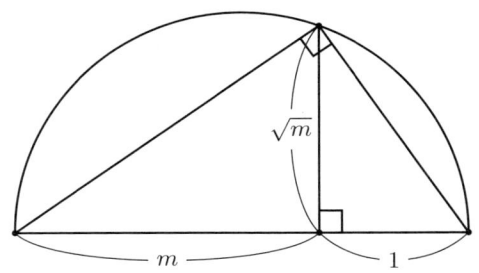

図 1.3 平方根 $\sqrt{m}$ の作図

既に述べたように，作図問題は与えられた実数が $\mathbb{R}_{\text{const}}$ に入っているかどうかを問う問題である．作図のプロセスを分析することで，$\mathbb{R}_{\text{const}}$ と $\mathbb{Q}$ の二次拡大の列が密接にかかわることが分かる．作図可能実数は二次拡大を使って，純代数的に特徴づけられる．

定理 1.5 実数 $\alpha \in \mathbb{R}$ に対して, 次は同値である.

(i) $\alpha \in \mathbb{R}_{\mathrm{const}}$.

(ii) ある自然数 n があって, 次のような列 $\mathbb{Q} = K_0 \subset K_1 \subset K_2 \subset \cdots \subset K_n$ が存在する.

  - 各 K_i は $\mathbb{R}$ の部分体で, K_{i+1} は K_i の二次拡大. すなわち, ある $m_i \in K_i$ $(m_i > 0)$ が存在して, $K_{i+1} = K_i(\sqrt{m_i})$.
  - $\alpha \in K_n$.

証明 まず (ii)$\Longrightarrow$(i) は帰納法によりすぐに証明できる. $n = 0$ の場合は, 有理数が全て作図可能実数であることから分かる. $n > 0$ の場合も, $m_{n-1} \in K_{n-1}$ が作図可能であれば, 定理 1.4 より $\sqrt{m_{n-1}}$ も作図可能であることが分かる.

(i)$\Longrightarrow$(ii) は概略だけ述べよう. $\alpha > 0$ が作図可能であるとすれば, 長さ α の線分を作図するプロセスが存在する. 作図をする際に新しい点を生成する方法は, (1) 直線と直線の交点をとる, (2) 直線と円の交点をとる, (3) 円と円の交点をとる, の三通りである. (1) は二元一次連立方程式を解くことに対応するが, その解は直線の方程式の係数たちの加減乗除で表すことができるので, 体の拡大は起こらない. (2), (3) では二次方程式を解くことになるが, いずれにせよ交点の座標は, 円や直線の方程式の係数たちを含む体の二次拡大に含まれていることが分かる. 作図のプロセスの中で, (2), (3) ごとに二次拡大を行えば, (ii) の拡大体の列を得る. □

この定理から立方体倍積問題の不可能性が直ちに従う.

系 1.6 $\sqrt[3]{2}$ は作図可能でない, すなわち $\sqrt[3]{2} \notin \mathbb{R}_{\mathrm{const}}$.

証明 仮に $\sqrt[3]{2}$ が作図可能とすると, 定理 1.5 より, 二次拡大の列 $\mathbb{Q} = K_0 \subsetneq K_1 \subsetneq \cdots \subsetneq K_n$ で $\sqrt[3]{2} \in K_n$ なるものが存在する. このような二次拡大の列の中で, n が最小となるものをとっておく. $\sqrt[3]{2}$ が無理数であることから, $n > 0$ である. 最後の拡大 $K_n = K_{n-1}(\sqrt{m_{n-1}})$ に注目すると, n の最小性から $\sqrt[3]{2} \notin K_{n-1}$ である. また $\sqrt[3]{2} \in K_n = K_{n-1}(\sqrt{m_{n-1}})$ なので, ある $a, b \in K_{n-1}$ があって,

$$\sqrt[3]{2} = a + b\sqrt{m_{n-1}}$$

と表される. ここで $\sqrt[3]{2} \notin K_{n-1}$ より $b \neq 0$ に注意しておく. 両辺を 3 乗すると,

$$2 = (a^3 + 3ab^2 m_{n-1}) + (3a^2 b + b^3 m_{n-1})\sqrt{m_{n-1}}$$

を得る. これを整理すると,

$$\sqrt{m_{n-1}} = \frac{2 - (a^3 + 3ab^2 m_{n-1})}{3a^2 b + b^3 m_{n-1}} \in K_{n-1}$$

となり $\sqrt[3]{2} \notin K_{n-1}$ に矛盾する. ($b \neq 0$ および $3a^2 + b^2 m_{n-1} > 0$ より, 右辺の分母は 0 ではないことに注意.) □

ここでは詳しくは述べないが, 同様に $\cos 20°$ が作図可能実数でないことも分かる. $\cos 60°$ は作図可能であるが, その三等分である $\cos 20°$ が作図不可能となり, 一般に角の三等分ができないことが分かる.

このようにギリシアの三大作図問題のうち, 二つは二次拡大を使った作図可能実数の特徴づけから, 簡単に分かるのだが, 残る円積問題の不可能性を示すには, さらに深い議論が必要になる.

定義 1.7 複素数 $\alpha \in \mathbb{C}$ に対して, 整数係数多項式 $f(x) \in \mathbb{Z}[x]$ が存在して $f(x) = 0$ を満たすとき, α は**代数的数**であると代数的数全体の集合を $\overline{\mathbb{Q}}$ で表す. 代数的数でない数を**超越数**と呼ぶ.

実代数的数の集合を本書では $\mathbb{R}_{\mathrm{alg}}$ で表す ($\mathbb{R}_{\mathrm{alg}} = \overline{\mathbb{Q}} \cap \mathbb{R}$). 証明は述べないが, 作図可能実数は全て代数的数であること, つまり $\mathbb{R}_{\mathrm{const}} \subset \mathbb{R}_{\mathrm{alg}}$ であることが分かる. このことと, 次の Lindemann の定理 (1882) により, 円積問題は最終的に否定的に解決された. (証明はたとえば [51, 66] 参照.)

定理 1.8 (Lindemann) π は超越数である.

今まで出てきた実数の部分集合達の関係をまとめておこう. 次の包含関係が成立する ($\sqrt{2} \in \mathbb{R}_{\mathrm{const}} \setminus \mathbb{Q}$, $\sqrt[3]{2} \in \mathbb{R}_{\mathrm{alg}} \setminus \mathbb{R}_{\mathrm{const}}$, $\pi \in \mathbb{R} \setminus \mathbb{R}_{\mathrm{alg}}$ に注意).

$$\mathbb{Q} \subsetneq \mathbb{R}_{\mathrm{const}} \subsetneq \mathbb{R}_{\mathrm{alg}} \subsetneq \mathbb{R}. \tag{1.1}$$

体の拡大の様子を精密に調べるという方法で, ギリシアの三大作図問題の不可能性や, (本書では触れないが) 5 次以上の方程式の根が冪根だけでは表せないことの証明などが 19 世紀に得られたのである.

1.3 代数的数

前節ではギリシアの三大作図問題のうち, 立方体倍積問題 ($\sqrt[3]{2}$ の作図問題) の不可能性の紹介を通して作図可能実数の構造について述べた. ここでもう一度実数の定義

実数体 $\mathbb{R}$ は有理数体 $\mathbb{Q}$ を完備化したものである

に戻ろう. この定義から一般の実数について何がいえるだろうか? 定義からいえることは,

任意の実数 $\alpha \in \mathbb{R}$ に対して有理数列 $r_n \in \mathbb{Q}$ $(n = 1, 2, \cdots)$ が存在して, $\lim_{n \to \infty} r_n = \alpha$ となる.

という事実である. つまり任意の実数は有理数列の極限として表される. 有理数については分数を使った表示法に我々は親しんでおり, その加減乗除などの演算も, 極限操作など使わずに純粋にアルゴリズミックに遂行できる. 無理数に対しては, 上のように有理数列の極限という定式化を通してしか扱えないのだろうか? たとえば二つの無理数が等しいことを証明するときに, 我々は有理数列を二つ持ってきて, 極限が同じ値になることを証明しなければならないのだろうか? 必ずしもそうではないことは明らかであろう. たとえば次の関係式を考えてみよう.

$$\sqrt{2} \times \sqrt[3]{3} = \sqrt[6]{72}. \tag{1.2}$$

両辺が等しいことは直ちに証明できる (両辺を 6 乗してみればよい). 我々はこの等式を, 示すのに有理数列の近似を全く使っていないことは明らかである. たとえば, 上のことが証明できても, 両辺が 2.04 より大きいか小さいか即答できる人は少ないだろう [3]. このことは, **有理数の外にも, 極限や近似計算を経由し**

[3) ちなみに $\sqrt[6]{72} = 2.03965 \cdots$ である.

なくても精密に扱える世界があり，代数的な統制が及んでいることを意味している．このような近似を使わない実数の扱いは，コンピュータを使った計算でも重要となる[4]．くどいかもしれないがもう一つ例を見てみよう．

例 1.1 $F(x) = 28x^3 - 18x^2 - 27x - 13$ とする．このとき $F(\sqrt[4]{5}) \neq 0$ が成り立つ．

これは有理数での近似 $\sqrt[4]{5} = 1.49534\cdots$ を使って示すのは簡単ではない．というのも $F(\sqrt[4]{5}) = 0.0000020087\cdots \approx 2\times 10^{-6}$ となるので，小数点以下 5 桁程度の近似値では $F(\sqrt[4]{5})$ が 0 か否かを判定することはできない．一方，以下のような純代数的な議論によって $F(\sqrt[4]{5}) \neq 0$ が示せるのは，不思議な気もする．

証明の前に，多項式に関する基本的な用語をいくつか思い出しておく．有理数係数多項式が $f(x) \in \mathbb{Q}[x]$ が有理数係数の二つ以上の (一次以上の) 多項式の積に $f(x) = f_1(x)f_2(x)$ と分解されるとき，$f(x)$ は**可約多項式**であるといい，そのような分解が存在しないときに**既約多項式**であるという．0 でない有理数係数多項式 $f(x)$ は既約な多項式の積

$$f(x) = c \cdot f_1(x)^{k_1} \cdot f_2(x)^{k_2} \cdot f_s(x)^{k_s}$$

($c \in \mathbb{Q}^\times$, $f_1, \cdots, f_s$ は相異なる既約多項式) に定数倍の違いを除いて一意的に分解される．各既約因子 f_i の冪が $k_i = 1$ となるとき，$f(x)$ は**被約多項式**と呼ばれる．代数学の基本定理により，多項式 $f(x) \in \mathbb{Q}[x]$ は $f(x) = a \cdot (x - \alpha_1)^{e_1}(x - \alpha_2)^{e_2} \cdots (x - \alpha_m)^{e_m}$, ($\alpha_i \in \mathbb{C}$) と一次式の積に分解されるが，$f(x)$ が被約であることは，$f(x)$ が重根を持たないこと，すなわち $e_1 = e_2 = \cdots = e_m = 1$ と同値である．被約性は多項式の既約分解を使わなくても特徴づけることができる．実際，$f(x)$ が被約多項式であるためことは，"$f(x)$ と $f'(x)$ は互いに素" とも同値である．

代数的数 $\alpha \in \overline{\mathbb{Q}}$ に対して，$f(\alpha) = 0$ を満たす次数最小の有理数係数多項式 $f(x) \in \mathbb{Q}[x]$ を α の**最小多項式**という．$\alpha \in \overline{\mathbb{Q}}$ の最小多項式 $f(x)$ は，定数倍の違いを除いて一意的に定まる．さらに $g(x) \in \mathbb{Q}[x]$ が $g(\alpha) = 0$ を満たすならば

---

[4] キーワードは "Exact arithmetic"

$g(x)$ は α の最小多項式 $f(x)$ で割り切れる,という著しい性質を持つ.最小多項式は, $f(\alpha) = 0$ を満たす既約多項式 $f(x) \in \mathbb{Q}[x]$ という条件でも特徴づけることができる.

さて例 1.1 に戻る. $f(x) = x^4 - 5$ と置くと,明らかに $f(\sqrt[4]{5}) = 0$ を満たす.さらに $f(x) = x^4 - 5$ は既約[5]なので, $f(x) = x^4 - 5$ が最小多項式であることが分かる.上の多項式 $F(x) = 28x^3 - 18x^2 - 27x - 13$ は 3 次多項式なので,明らかに $f(x)$ では割り切れない.よって $F(\sqrt[4]{5}) \neq 0$ である.このように $\sqrt[4]{5}$ の近似を使わなくとも,代数的な手法だけで $F(\sqrt[4]{5}) \neq 0$ を証明することができるのである.

§1.1 で述べたように,どんな複雑な有理数であっても, $\frac{分子}{分母}$ という形で表されてさえいれば,等号や大小関係を判定するアルゴリズムが存在する (通分すればよい).これは有理数の中だけのアルゴリズムで,無理数まで含めるとなると,そのようなアルゴリズムが存在するかどうかすら自明ではない.次節 §1.4 では,代数的数の世界でも,有理数の世界と同様に等号や大小関係の判定,加減乗除などあらゆる操作が, (近似などを使わずに) アルゴリズミックに実行できることを示そう.

1.4　実代数的数に対する Interval arithmetic (区間算術)

本節では代数的数に対する等号や四則演算を扱う一つのやり方を紹介しよう.簡単のために,実代数的数だけを考える.代数的数たちが体をなすことは理論的に分かるのだが,我々が扱いたい問題は,代数的数ひとつひとつを何らかの方法で表示し,二つの代数的数の加減乗除がどのような表示を持つか,というような問題をシステマティックに扱うことである.我々はこれまでも代数的な無理数を扱ってきた.冪根を使った表示を持つ代数的数に関しては,たとえば (1.2) や,

$$(2 + \sqrt{2}) + (1 + 3\sqrt{2}) = 3 + 4\sqrt{2}$$

$$\frac{1}{1 + \sqrt{2}} = -1 + \sqrt{2}$$

---

[5] たとえば Eisenstein の既約性判定法 [72, p.130] から分かる.

のような等式が成立することを知っている．しかしガロア理論の帰結としてよく知られているように，一般に 5 次以上の有理数係数の方程式の根を，有理数と加減乗除と冪根だけを使って表すことはできない．上のように冪根を使って表すことのできる数は代数的数の中のごく一部なのである．たとえば，方程式 $x^5 - 4x - 2 = 0$ の実根は三つあり，その最小のものを $\alpha = -1.2436\cdots$ と置こう．この方程式の $\mathbb{Q}$ 上のガロア群は $\mathfrak{S}_5$ なので，根を冪根で表すことは不可能である．というわけでこの α を正確に言い表すのに「方程式 $x^5 - 4x - 2 = 0$ の三つの実根のうち最小のもの」という以外に良い表し方を筆者は思いつかない．ところで，たとえば α^2 は代数的数である．どのような代数的数なのであろうか？ この代数的数を正確に表現するには以下のように述べるしかないように思われる:

「α^2 は方程式 $x^5 - 8x^3 + 16x - 4 = 0$ の三つの実根のうち真ん中のもの」

である．(ちなみにこの方程式のガロア群も $\mathfrak{S}_5$ である．)

上のように『方程式 $f(x) = 0$ の実根の中で上から○○番目のもの』という言明は，確かに一つの数を明示的に表したことにはなっている．それらの加減乗除などの操作をして得られる数を再び『方程式 $\widetilde{f}(x) = 0$ の実根の中で上から△△番目のもの』という表し方をするにはどうしたら良いのか？ というのが問題である．この問題に対するアプローチは色々あるが，たとえば代数的数 $\alpha \in \mathbb{R}$ をそれが満たす方程式 $f(x)$ と α を含む (端点が有理数の) 区間 $I = [a, b] = \{x \in \mathbb{R} \mid a \leq x \leq b\}$ の組で表すというのが以下の方法である．区間 I の長さを適切に (短く) とっておけば，その中に $f(x) = 0$ の根が一つしかないようにできる，というのが基本的なアイデアである．この表示方法は人工的な手法に見えるかもしれないが，実は暗に我々は普段からよく使っている．というのも，我々は $\sqrt{2}$ のような記号を日常的に用いるが，この記号の厳密な意味は

「方程式 $x^2 - 2 = 0$ の解のなかで正のもの」

であることを思い出そう．方程式 $x^2 - 2 = 0$ は実数の中に二つの解 $\pm\sqrt{2}$ を持つが，「正の実数」という区間に制限することによって，解を混同する余地をなくし，一つの数を指定しているのである．以下の記述は [44] をアレンジして直観的に扱いやすい形にしたものである．おそらく実際の計算に向いていないと思わ

れる. 実用を強く意識した代数的数の扱いについては, たとえば [4] などを参照.

区間の中に方程式の解が一個しかない状態にするには, 区間を短くとる必要がある. どの程度短くするべきかという問題は, 解の距離に依存する. 解の存在範囲や二つの解の距離の下限を知ることが最初の問題である.

補題 1.9 $f(x) = a_0 x^n + a_1 x^{n-1} + \cdots + a_{n-1}x + a_n \in \mathbb{C}[x]$ を複素数係数の多項式で, $a_0 \neq 0$ とする. このとき, $f(x) = 0$ の根 $\alpha \in \mathbb{C}$ は,

$$|\alpha| \leq \max\left\{1, \frac{|a_1| + |a_2| + \cdots + |a_n|}{|a_0|}\right\}$$

を満たす. (上の式の右辺を $M(f)$ で表す.)

証明 $|\alpha| > M(f)$ のとき, $f(\alpha) \neq 0$ が成り立つことを示す. $a_1 = a_2 = \cdots = a_n = 0$ の場合, 根は $\alpha = 0$ のみなので, 上の不等式が成立する. 以下, 係数の中で $a_i \neq 0, (1 \leq i \leq n)$ なるものがあると仮定する.

$$\begin{aligned}
|f(\alpha)| &= |a_0 \alpha^n| \cdot \left|1 + \frac{a_1}{a_0} \cdot \frac{1}{\alpha} + \frac{a_n}{a_0} \cdot \frac{2}{\alpha^2} + \cdots + \frac{a_n}{a_0} \cdot \frac{1}{\alpha^n}\right| \\
&\geq |a_0 \alpha^n| \cdot \left(1 - \left|\frac{a_1}{a_0} \cdot \frac{1}{\alpha}\right| - \left|\frac{a_2}{a_0} \cdot \frac{1}{\alpha^2}\right| - \cdots - \left|\frac{a_n}{a_0} \cdot \frac{1}{\alpha^n}\right|\right) \\
&> |a_0 \alpha^n| \cdot \left(1 - \left|\frac{a_1}{a_0} \cdot \frac{1}{\alpha}\right| - \left|\frac{a_2}{a_0} \cdot \frac{1}{\alpha}\right| - \cdots - \left|\frac{a_n}{a_0} \cdot \frac{1}{\alpha}\right|\right) \\
&= |a_0 \alpha^n| \cdot \frac{1}{|\alpha|} \cdot \left(|\alpha| - \frac{|a_1| + |a_2| + \cdots + |a_n|}{|a_0|}\right) \\
&> 0
\end{aligned}$$

□

上の補題 1.9 に現れる上限を

$$M(f) = \max\left\{1, \frac{|a_1| + |a_2| + \cdots + |a_n|}{|a_0|}\right\} \tag{1.3}$$

とする. $M(f)$ は方程式 $f(x) = 0$ の根の絶対値の上限を与えている. これは根の存在範囲を有限に区切ってくれるという点で有難い結果である. 根の分離をするために, 次の関数を導入する.

定義 1.10 n 次方程式 $f(x) = 0$ が被約多項式, つまり相異なる n 個の複素数解 $\alpha_1, \cdots, \alpha_n \in \mathbb{C}$ を持つとする $(n \geq 2)$. このとき, 異なる根の距離の最小

値を
$$\text{sep}(f) := \min\{|\alpha_i - \alpha_j| \; ; \; 1 \leq i < j \leq n\}$$
とする.

区間 I の中に, 方程式の根を一個だけにしたければ, 区間 I の長さが $\text{sep}(f)$ 未満にすればよいわけである. この $\text{sep}(f)$ を係数の情報だけから知ることが重要である. そのために方程式の判別式の行列式表示に関する結果を思い出しておこう. $f(x) = a_0 x^n + \cdots + a_n, (a_0 \neq 0)$ に対して, 以下で与えられるものを $D(f)$ と表す.

$$D(f) = \det \begin{pmatrix} a_0 & a_1 & \cdots & a_n & & & & \\ & a_0 & a_1 & \cdots & a_n & & & \\ & & \ddots & & & \ddots & & \\ & & & a_0 & a_1 & \cdots & a_n & \\ na_0 & (n-1)a_1 & \cdots & \cdots & a_{n-1} & & & \\ & \ddots & & & & \ddots & & \\ & & na_0 & (n-1)a_1 & \cdots & \cdots & a_{n-1} \end{pmatrix} \quad (1.4)$$

$$= (-1)^{\frac{n(n-1)}{2}} \cdot a_0^{2n-1} \cdot \prod_{1 \leq i < j \leq n} (\alpha_i - \alpha_j)^2.$$

補題 1.11 (Mahler) $f(x) = a_0 x^n + \cdots + a_n \in \mathbb{C}[x], (a_0 \neq 0)$ を複素係数の n 次方程式で重根を持たないと仮定する. このとき,

$$\text{sep}(f) \geq \sqrt{\frac{D(f)}{|a_0|^{2n-1} \cdot (2 \cdot M(f))^{n^2-n-2}}} \quad (1.5)$$

(ただし $M(f)$ は補題 1.9 の右辺で与えられている関数である.)

証明 方程式 $f(x) = 0$ の n 個の根を $\alpha_1, \cdots, \alpha_n$ とする. ここで α_1 と α_2 が最も接近した根のペアであると仮定する. すなわち

$$|\alpha_1 - \alpha_2| = \text{sep}(f) \quad (1.6)$$

とする. さらに, 任意の i, j に対して,

$$|\alpha_i - \alpha_j| \leq 2 \cdot M(f) \tag{1.7}$$

が成立することに注意する．これらを使うと，

$$|D(f)| = |a_0|^{2n-1} \cdot |\alpha_1 - \alpha_2|^2 \cdot \prod_{\substack{1 \leq i < j \leq n, \\ (i,j) \neq (1,2)}} |\alpha_i - \alpha_j|^2$$

$$\leq \mathrm{sep}(f)^2 \cdot |a_0|^{2n-1} \cdot (2 \cdot M(f))^{n^2-n-2}.$$

これを整理すると $\mathrm{sep}(f)$ の下限が得られる． □

上の補題 1.11 に現れる下限を

$$s(f) = \sqrt{\frac{D(f)}{|a_0|^{2n-1} \cdot (2 \cdot M(f))^{n^2-n-2}}} \tag{1.8}$$

と表すことにする．ここではこの具体的な式はあまり重要ではない．我々にとって重要なのは，計算可能な関数 $s(f)$ で，$\mathrm{sep}(f)$ の下からの評価

$$\mathrm{sep}(f) \geq s(f) \tag{1.9}$$

を満たすものが存在するという事実である．

定義 1.12 (1) 実代数的数 $\alpha \in \mathbb{R}$ の**区間表示**とは，被約な整数係数多項式 $f(x) \in \mathbb{Q}[x]$ と端点が有理数の区間 $I = [a,b] = \{x \in \mathbb{R} \mid a \leq x \leq b\}$ の対 $(f(x), I)$ であって以下を満たすもの:

- $|I| := b - a < \frac{1}{2} \cdot s(f)$.
- $f(a)$ と $f(b)$ は符号が異なる，つまり $f(a) \leq 0 \leq f(b)$ または $f(a) \geq 0 \geq f(b)$ を満たす．区間の長さ $|I| = b - a$ を区間表示 $(f(x), I)$ の**誤差**と呼ぶ．

(2) 実代数的数の区間表示 $(f(x), I)$ が**既約表示**であるとは，多項式 $f(x)$ が $\mathbb{Z}$ 上既約であることとする．

まず基本的な事実として，与えられた (f, I) が実代数的数の区間表示になっているか否かを判定するアルゴリズムが存在する．

アルゴリズム 1.13 多項式 $f(x) \in \mathbb{Q}[x]$ と区間 $I = [a,b], (a, b \in \mathbb{Q})$ の組 (f, I) が実代数的数の区間表示になっているか否かを判定するアルゴリズムが存在する．

証明 $f(x)$ が被約か否かは, $f(x)$ と微分 $f'(x)$ の最大公約数を (たとえば Euclid の互除法を使って) 計算すればよい. 最大公約数が定数であれば, $f(x)$ は被約であり, 最大公約数が 1 次以上の式であれば, $f(x)$ は被約ではない. 区間の長さ $|I| = b - a$ と $s(f)$ の大小関係や $f(a), f(b)$ の符号の変化は有理数の四則演算で確認することができる. □

次に区間表示の誤差はいくらでも小さくできることを注意しておく.

アルゴリズム 1.14 実代数的数 $\alpha \in \mathbb{R}$ の区間表示 $(f(x), I)$ が与えられたとする. このとき, 任意の正の数 $\varepsilon > 0$ に対して, 誤差が $|I'| < \varepsilon$ となる α の区間表示 $(f(x), I')$ を求めるアルゴリズムが存在する.

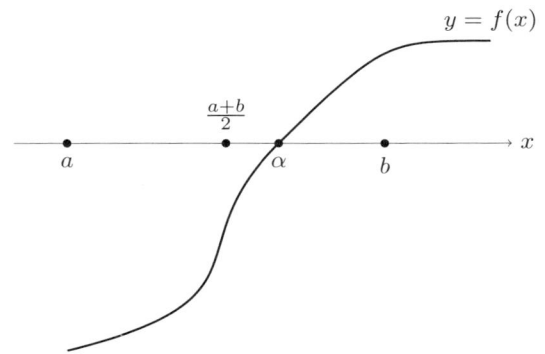

図 1.4 実根 α の区間表示 $(f(x), [a,b])$ とその精密化 $(f(x), [\frac{a+b}{2}, b])$

証明 $I = [a,b]$ として, $f(a) \leq 0 \leq f(b)$ と仮定する. $f(\frac{a+b}{2})$ を計算してみると,

- $f(\frac{a+b}{2}) \geq 0$ なら $(f(x), [a, \frac{a+b}{2}])$ が誤差 $\frac{|I|}{2}$ の区間表示.
- $f(\frac{a+b}{2}) \leq 0$ なら $(f(x), [\frac{a+b}{2}, b])$ が誤差 $\frac{|I|}{2}$ の区間表示.

となるので, 誤差 $\frac{|I|}{2}$ の区間表示が得られる (図 1.4). $\frac{|I|}{2^k} < \varepsilon$ となるまでこの操作を続ければよい. □

さて根の絶対値の上限 (補題 1.9) と根の距離の下限 (補題 1.11) から, 与えられた被約多項式 $f(x)$ の全ての実根の区間表示を得るアルゴリズムが得られる.

アルゴリズム 1.15 $f(x) \in \mathbb{Q}[x]$ を被約多項式とする. $f(x) = 0$ の全ての実根の区間表示を列挙するアルゴリズムが存在する.

証明 具体的には, まず (1.3), (1.8) に従って $M(f)$ および $s(f)$ を計算する. 次に区間 $[-M(f), M(f)]$ の有理数列 $-M(f) = a_0 < a_1 < a_2 < \cdots < a_N = M(f)$ を, $a_{i+1} - a_i < \frac{s(f)}{2}$ となるようにとる. このとき, 各小区間 $[a_i, a_{i+1}]$ には高々一つしか実根はないので, $f(a_i)$ と $f(a_{i+1})$ の符号が変わるような区間表示 $(f(x), [a_i, a_{i+1}])$ を集めてくればよい. □

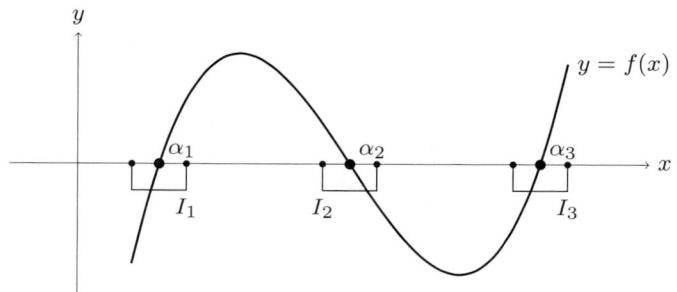

図 **1.5** 実根の区間表示 $(f(x), I_i)$

重根を持たない方程式 $f(x) = 0$ の解 α_1, α_2 に対する区間表示 $(f(x), I_1)$, $(f(x), I_2)$ を考える. 定義より I_1, I_2 の長さは $\frac{1}{2} \cdot \text{sep}(f)$ 未満なので, もし $\alpha_1 \neq \alpha_2$ であれば I_1 と I_2 は共通部分を持たない. よって $\alpha_1 = \alpha_2$ となるための必要十分条件は二つの区間が共通部分を持つこと $I_1 \cap I_2 \neq \emptyset$ である. これは端点の大小関係を比べるだけなので簡単に判定できる.

しかし実代数的数 $\alpha \in \mathbb{R}$ に対して, それを根にもつ被約多項式 $f(x)$ は無数にあるので, 区間表示 $(f(x), I)$ における多項式 $f(x)$ は一意的には決まらない. しかし α を根に持つ既約多項式 $f(x) \in \mathbb{Q}$ は (定数倍の不定性を除いて) 一意的に決まる. そこで既約表示を求めることが重要になる.

アルゴリズム 1.16 $f(x) = a_0 x^n + \cdots + a_n \in \mathbb{Z}[x], (a_0 \neq 0)$ を整数係数の被約多項式とする.

(1) 多項式 $f(x)$ が既約かどうか判定し, 既約でなければ $f(x) = g_1(x)g_2(x)$, $(g_1, g_2 \in \mathbb{Z}[x], \deg g_1 \geq 1, \deg g_2 \geq 1)$ という分解を与えるアルゴリズムが存在する.

(2) 多項式 $f(x)$ の既約分解 $f(x) = g_1(x) \cdot g_2(x) \cdots g_s(x), (g_i(x) \in \mathbb{Z}[x])$ を求めるアルゴリズムが存在する.

(3) $f(x) = 0$ のある実根 α の区間表示 $(f(x), I)$ が与えられたとき, α の既約表示 $(g(x), J)$ を求めるアルゴリズムが存在する.

(4) 二つの実代数的数 $\alpha_i (i=1,2)$ の区間表示 $[f_i(x), I_i](i=1,2)$ が与えられたとき, $\alpha_1 = \alpha_2$ か否かを判定するアルゴリズムが存在する.

証明 (1) 二つの多項式 $g_1(x) = b_0 x^p + b_1 x^{p-1} + \cdots + b_p$, $g_2(x) = c_0 x^q + c_1 x^{q-1} + \cdots + c_q \in \mathbb{Z}[z]$ $(p, q \geq 1)$ が存在して, $f(x) = g_1(x) g_2(x)$ と分解したとする. $p + q = n$ なので, p, q の可能性は有限通りである. $b_0 c_0 = a_0$ なので, 最高次の係数 b_0, c_0 の可能性も有限通りである. 解と係数の関係から, $\frac{b_i}{b_0}$ は, $f(x) = 0$ の根 $\alpha_1, \cdots, \alpha_n$ のうちの p 個の i-次基本対称式なので,

$$\left| \frac{b_i}{b_0} \right| \leq \binom{k}{i} \cdot M(f)^i$$

を満たす. 与えられた b_0 に対して, この不等式を満たす整数 b_i は高々有限個である. よって係数 $b_0, b_1, \cdots, b_p$ の組合せを全て考えて, $b_0 x^p + \cdots + b_p$ が $f(x)$ を割り切るかをチェックし, 割り切るものがなければ $f(x)$ は既約である[6].

(2) (1) のアルゴリズムを使って $f(x)$ が既約かどうかをチェックし, 既約でなければ $f(x) = g_1(x) g_2(x)$ と分解し, g_1, g_2 に (1) のアルゴリズムを適用する. 因数が全て既約になるまでその操作を続ければよい.

(3) まず (2) を使って既約分解 $f(x) = g_1(x) \cdots g_s(x)$ を求める. 各 $g_i(x)$ に対して区間 $I = [a, b]$ の端点での値を計算し, $g_i(a), g_i(b)$ の符号が変わる $g_i(x)$ がただ一つ存在する. このとき $(g_i(x), I)$ が求める既約表示である.

---

[6] この種の因数分解アルゴリズムは古典的にも多数知られている. たとえば解の上限などは使わず, $\mathbb{Z}$ が単元を有限個しか持たない一意分解整域であるという性質だけを使う Kronecker のアルゴリズムは [80, p. 104] 参照.

(4) α_i の既約表示 $(f_i(x), I_i)$ $(i=1,2)$ を求めておく. このとき, $\alpha_1 = \alpha_2$ となるための必要十分条件は, (定数倍の違いを除いて)$f_1(x) = f_2(x)$ かつ $I_1 \cap I_2 \neq \emptyset$ である. □

二つの対象に対して, それらを表す表示が与えられたとき, その表示が同じ要素を表しているか否かを問う問題は 0-認識問題または**等号認識問題**と呼ばれる. 上のアルゴリズム 1.16 より, 区間表示を使うと実代数的数の 0-認識問題が解けることが分かる. もう一つ基本的な問は, 与えられた実代数的数の符号 (正負または 0) を判定する次のアルゴリズムである.

アルゴリズム 1.17 実代数的数 α の区間表示 $(f(x), I)$ が与えられたとき, $\alpha > 0, \alpha = 0, \alpha < 0$ のいずれが成立するかを判定するアルゴリズムが存在する.

証明 今までの結果より, $(f(x), I)$ は既約表示であるとしても良い. $\alpha = 0$ の最小多項式は x なので, $\alpha = 0$ となるための必要十分条件は明らかに, $f(x) = x$ が成立することである. よって $\alpha \neq 0$ なら $f(x) \neq x$ としてよいが, このときは細分アルゴリズム 1.14 を使って区間表示 (f, I) の誤差 $|I|$ を小さくしていけば, $\alpha > 0$ であればいずれ端点が両方とも正となる. また, $\alpha < 0$ の場合は, 細分をしていけば区間の端点が両方とも負になる.

上のアルゴリズムは必ず止まるのだが, どれだけ誤差を小さくすればよいのか事前に分からない点が少々気持ち悪いかもしれない. 必要な誤差を事前に知っておくこともできる. (f, I) を $\alpha \neq 0$ の既約表示として, $f(x) = a_0 x^n + \cdots + a_n$, および $f(x) = 0$ の根を $\alpha_1, \cdots, \alpha_n$ と置く. さらに $|\alpha_1| \leq |\alpha_2| \leq \cdots \leq |\alpha_n|$ と仮定する. このとき, 解と係数の関係と $|\alpha_i| \leq M(f)$ より,

$$\left|\frac{a_n}{a_0}\right| = |\alpha_1 \alpha_2 \cdots \alpha_n| \leq |\alpha_1| \cdot M(f)^{n-1}$$

を得る. よって,

$$\min\{|\alpha_1|, |\alpha_2|, \cdots, |\alpha_n|\} = |\alpha_1| \geq \frac{|a_n|}{|a_0| \cdot M(f)^{n-1}},$$

を得る. アルゴリズム 1.14 を使って, 誤差 $|I|$ を小さくし,

$$|I| < \frac{|a_n|}{|a_0| \cdot M(f)^{n-1}},$$

とすると，区間 I の長さは全ての根の絶対値よりも小さくなるので，0 を含まない．区間 I の端点両方ともに正か両方とも負のどちらかとなり，α の正負を判定できる． □

次に和や積などの操作についてである．

アルゴリズム 1.18 α, β を実代数的数として，$(f(x), I), (g(x), J)$ をそれぞれの区間表示とする．このとき，$\alpha \pm \beta, \alpha \times \beta, \frac{\alpha}{\beta}$ の区間表示を求めるアルゴリズムが存在する．

証明 他は同様なので，$\alpha + \beta$ についてだけ示す．$f(x) = a_0 x^n + \cdots + a_n$, $g(x) = b_0 x^m + \cdots + b_m$ として，$f(x) = 0$ の根を $\alpha_1(=\alpha), \alpha_2, \cdots, \alpha_n$, $g(x) = 0$ の根を $\beta_1(=\beta), \beta_2, \cdots, \beta_m$ とする．次の多項式を考える．

$$h(x) := \prod_{\substack{1 \leq i \leq n \\ 1 \leq j \leq m}} (x - (\alpha_i + \beta_j)) = x^{mn} + A_1 x^{mn-1} + \cdots + A_{mn}.$$

係数 A_k $(k = 0, \cdots, mn)$ は α_i, β_j の多項式であるが，α_i の入れ替えや，β_j の入れ替えに関しては不変である．よって，A_k は α_i たちの対称式であり，かつ β_j たちの対称式にもなっている．このとき A_k は α_i たちの基本対称式 $\frac{a_1}{a_0}, \frac{a_2}{a_0}, \cdots, \frac{a_n}{a_0}$ および，β_j たちの基本対称式 $\frac{b_1}{b_0}, \frac{b_2}{b_0}, \cdots, \frac{b_m}{b_0}$ の多項式として表すことができる[7]．よって $h(x)$ は $f(x)$ と $g(x)$ からアルゴリズミックに求めることができる．もし $h(x)$ が重根を持つようであれば，被約化しておく[8]．

ここで α の区間表示 $(f(x), I)$ の誤差を小さくし，

$$|I| < \frac{\text{sep}(h)}{5}$$

---

[7] 対称式を基本対称式の多項式として表すアルゴリズムについてはたとえば [72, p. 140] などにある．

[8] $h(x)$ が重根を持つための必要十分条件は $h(x)$ と $h'(x)$ が共通因数を持つことである．$h(x)$ と $h'(x)$ の最大公約多項式を $H(x)$ とすると $\frac{h(x)}{H(x)}$ は $h(x)$ と同じ根を持つ被約多項式である．これを $h(x)$ の**被約化**と呼ぶ．

としておく. (β の区間表示 $(g(x), J)$ も同様に $|J| < \frac{\text{sep}(h)}{5}$ としておく.) このとき, 区間 K を
$$K = I + J = \{u + v \mid u \in I, v \in J\}$$
とすると, $\alpha + \beta \in K$ かつ, $|K| < \frac{2}{5} \cdot \text{sep}(h) < \frac{\text{sep}(h)}{2}$ となるので, $(h(x), K)$ は $\alpha + \beta$ の区間表示である. □

最後に代数的数を係数に持つ方程式の根の区間表示について述べておこう.

アルゴリズム 1.19 方程式 $f(x) = x^n + a_1 x^{n-1} + \cdots + a_n$ の係数は実代数的数 $a_i \in \mathbb{R}_{\text{alg}}$ であるとし, 係数 a_i の区間表示を (g_i, J_i) $(i = 1, \cdots, n)$ とする. このとき $f(x) = 0$ の全ての実数解の区間表示を求めるアルゴリズムが存在する.

証明 代数的数 a_i の共役全体を $\{a_{i,r_i}\}_{r_i=1}^{N_i}$ とする. このとき
$$F(x) := \prod_{r_i} (x^n + a_{1,r_1} x^{n-1} + \cdots + a_{n,r_n})$$
は有理数係数多項式となる (アルゴリズム 1.18 の証明参照). よってアルゴリズム 1.15 によって $F(x) = 0$ の全ての実数根 β_i の区間表示 (h_i, K_i) を求めることができる. 定義より $f(x) = 0$ の実根は必ずこの中に現れる. 各 β_i に対して $f(\beta_i)$ が 0 になるかどうかをチェックすればよいのだが, これは実代数的数の四則演算の結果が 0 になるかどうかという問題なので, アルゴリズム 1.18 や 1.17 を使って判定できる. □

以上をまとめると, 実代数的数の区間表示を使って, 等号や大小関係, 四則演算, 方程式の根を求めること, などを実行することができる. それぞれのアルゴリズムは, 有理数の場合に比べると格段に複雑であるが, アルゴリズミックに実行できるか, という観点からは有理数の場合と同様に扱うことができると思ってよい.

1.5 代数的数と超越数

一般に複素数 $\alpha \in \mathbb{C}$ を二つの実数 $a, b \in \mathbb{R}$ を使って $\alpha = a + b\sqrt{-1}$ と表したときに,

$$a + b\sqrt{-1} \in \overline{\mathbb{Q}} \Longleftrightarrow a, b \in \mathbb{R}_{\mathrm{alg}}$$

が知られている．このことから，二つの実代数的数の組 (a,b) として，一般の代数的数 $\alpha \in \overline{\mathbb{Q}}$ を表すことができる．代数的数の演算は，実部と虚部を使って表示できるので，実代数的数の場合に帰着される．

実数体 $\mathbb{R}$ は有理数体 $\mathbb{Q}$ の完備化であり，$\mathbb{R}$ は有理数と無理数に分けることができる．しかし無理数の世界も「作図可能実数」や「代数的数」というクラスでは有理数の近似列などは使わずに精密なことがいえることを見てきた．

同じようなことが代数的数の外ではできないのだろうか？ と問うのは自然な問題であろう．もちろん π のような超越数を解に持つ有理数係数方程式は存在しないので，前節で扱ったのと同様に「定義方程式と区間の組を使って数を表す」ことは望めない．しかし，超越数たちを十把一絡げに扱うのではなく，その中でも重要な超越数たちを切り出すことで，代数的に統制が及ぶ範囲を代数的数 $\overline{\mathbb{Q}}$ の外の (一部の) 超越数の世界まで広げることができれば素晴らしいことである．

Kontsevich-Zagier による「周期」の概念および彼らの予想は，積分表示を使って一部の超越数たちにも代数的な統制を及ぼそうという試みとして位置づけられる．

第 2 章

Kontsevich-Zagier の予想

　第 1 章では有理数, 作図可能実数, 代数的数という順に, 実数 $\mathbb{R}$ の中で扱える数の範囲が広がってきたことを見た. さらに実代数的数は「整数係数多項式と区間の組 $(f(x), I)$」という形で, 有理数と同様に (手続きは複雑になるが), 等号, 大小関係の比較, 四則演算がアルゴリズミックに遂行可能であることを見た. これはもちろん代数的数は可算無限個だからこそできることである. 一方, 実数全体の集合 $\mathbb{R}$ や実超越数の集合 $\mathbb{R} \setminus \mathbb{R}_{\mathrm{alg}}$ は非加算無限集合なので, $\mathbb{R}_{\mathrm{alg}}$ の場合と同じように有限なデータで全てを記述しきることは不可能である. では, 超越数の集合は, 「超越数である」というだけで十把一絡げにして扱うしかないのだろうか? 代数的数の外でも何かよい数のクラスがあるのではないだろうか? このような問題意識はおそらく多くの数学者が持っていたものと思われる (§2.5 参照).

　2001 年に出版された Kontsevich と Zagier による論説 "Periods" [52] (邦訳「周期」) で導入された数のクラス**周期**はこのような問題意識に対する一つの答えとして提唱された概念である.

2.1　周期の定義と基本性質

　まず円周率 π, 対数 $\log 2$, および次で定義される ρ

$$\rho = \sum_{n=1}^{\infty} \frac{1}{10^{n!}} = 0.110001000000000000000001000\cdots$$

を考えてみよう. これらはどれも代数的数ではなく, 超越数である. 特に ρ は **Liouville 数**と呼ばれ, Liouville によって 1844 年に超越性が示された (証明はたとえば [66]). Liouville 数は代数的でないことが明らかになった最初の数であ

る．しかしこれらの三つの超越数が数学で果たす役割は様々である．円周率や対数は基本的な定数であり，応用上も重要であるが，Liouville 数が「最初の超越数」という文脈以外で言及されているのを筆者は見たことがない．

このように超越数の中にも，数学や応用で「よく現れるもの」「あまり現れないもの」の違いが厳然とある．円周率 π や $\log 2$ と Liouville 数 ρ を分け隔てるような性質があるように思われる．Kontsevich-Zagier により提案された視点は，「それらの違いは積分表示の有無である」というものである．

$$\pi = \int_{x^2+y^2<1} dxdy = 2\int_{-1}^{1}\sqrt{1-x^2}dx = \int_{-1}^{1}\frac{dx}{\sqrt{1-x^2}} = \int_{-\infty}^{\infty}\frac{dx}{1+x^2},$$

$$\log 2 = \int_{1}^{2}\frac{dx}{x},$$

$\rho = \cdots$ おそらくそのような積分表示は存在しない．

π については円の面積であることや $\frac{d}{dx}\arcsin x = \frac{1}{\sqrt{1-x^2}}$, $\frac{d}{dx}\arctan x = \frac{1}{1+x^2}$, などを使って様々な形の積分表示が得られる．$\log 2$ については，$\frac{d}{dx}\log x = \frac{1}{x}$ より，$\frac{1}{x}$ の積分を使って表される．Liouville 数 ρ については，今の所そのような積分表示は知られていない．もちろん強引に

$$\rho = \int_{0}^{\rho} dx$$

のような積分表示を考えることはできるが，π や $\log 2$ の場合とは本質的に違っている．$\pi, \log 2$ の場合は被積分関数と積分区間 (積分領域) が全て有理数係数を使って代数的に表されるが，Liouville 数 ρ についての上の積分表示は，積分区間がそもそも代数的ではないのである．

定義 2.1　実数 $\alpha \in \mathbb{R}$ が**基本周期**であるとは，有理数係数多項式の不等式で与えられる $\mathbb{R}^n$ 内の領域上で，有理数係数有理関数の絶対収束積分の値となっていることである．

言い換えると，$F_1(x), \cdots, F_p(x), G(x), H(x) \in \mathbb{Z}[x_1, \cdots, x_n]$ が存在して，

$$\Delta = \{x \in \mathbb{R}^n \mid F_1(x) > 0, \cdots, F_p(x) > 0\}$$

で定義される領域 Δ 上での積分として

$$\alpha = \int_\Delta \frac{G(x_1, \cdots, x_n)}{H(x_1, \cdots, x_n)} dx_1 \cdots dx_n$$

と表されるときに α は基本周期と呼ばれる. またこのような実数たちで $\overline{\mathbb{Q}}$ 上生成される $\mathbb{C}$ の部分ベクトル空間を $\mathcal{P} \subset \mathbb{C}$ と書く. $\mathcal{P}$ の元を**周期**と呼ぶことにする.

定義より明らかに円周率 π や $\log 2 = \int_1^2 \frac{dx}{x}$ は周期である. 他にどのような数が周期だろうか? 実に多くの数が周期であることが分かっている. たとえば Riemann ゼータ関数

$$\zeta(s) = 1 + \frac{1}{2^s} + \frac{1}{3^s} + \cdots + \frac{1}{n^s} + \cdots$$

の 1 より大きい整数での値 $\zeta(n), (n \in \mathbb{Z}, n > 1)$ は全て周期である. 実際, 領域 Δ_n を

$$\Delta_n = \{(t_1, \cdots, t_n) \in \mathbb{R}^n \mid 1 > t_1 > t_2 > \cdots > t_n > 0\}$$

で定め, さらに, $\varepsilon \in \{0, 1\}$ に対して

$$A_\varepsilon(t) = \begin{cases} \frac{dt}{t}, & \varepsilon = 0 \\ \frac{dt}{1-t}, & \varepsilon = 1 \end{cases}$$

とする. このとき

$$\zeta(n) = \int_{\Delta_n} A_0(t_1) A_0(t_2) \cdots A_0(t_{n-1}) A_1(t_n) \tag{2.1}$$

と表されることが分かる. 証明は, まず積分領域の形から, 積分を次のような逐次積分に置き換えられることに注目する.

$$\int_{\Delta_n} = \int_0^1 dt_1 \int_0^{t_1} dt_2 \int_0^{t_2} dt_3 \cdots \int_0^{t_{n-1}} dt_n.$$

これを使うと

$$(2.1) \text{ の右辺} = \int_0^1 \frac{dt_1}{t_1} \int_0^{t_1} \frac{dt_2}{t_2} \int_0^{t_2} \frac{dt_3}{t_3} \cdots \int_0^{t_{n-2}} \frac{dt_{n-1}}{t_{n-1}} \int_0^{t_{n-1}} \frac{dt_n}{1-t_n}.$$

と書き換えられる. あとは $\frac{1}{1-t_n} = 1 + t_n + t_n^2 + t_n^3 + \cdots$ を使って項別に積分をして計算をすれば $\zeta(n)$ を得る. なお, $\zeta(3)$ は無理数であることが証明されてい

る (Apéry, 1979) が, $\zeta(5), \zeta(7), \cdots$ は無理数であるかどうか分かっていない[1]. このように周期には無理数であるかどうか分からない数が多数含まれている. ゼータ関数の整数値はさらに一般化することができる.

定義 2.2 $k_1, \cdots, k_n \in \mathbb{Z}_{>0}(k_1 > 1)$ に対して, **多重ゼータ値** $\zeta(k_1, k_2, \cdots, k_n)$ を次で定める.

$$\zeta(k_1, k_2, \cdots, k_n) = \sum_{m_1 > m_2 > \cdots > m_n > 0} \frac{1}{m_1^{k_1} m_2^{k_2} \cdots m_n^{k_n}}. \tag{2.2}$$

Riemann ゼータ関数の整数値と同様に, 多重ゼータ値も周期である. 上の記号を使って

$$I(\varepsilon_1, \varepsilon_2, \cdots, \varepsilon_q) := \int_{\Delta_q} A_{\varepsilon_1}(t_1) \cdots A_{\varepsilon_q}(t_q), \tag{2.3}$$

と置こう. このとき次の積分表示が得られる (証明は省略).

$$\zeta(m_1, m_2, \cdots, m_n) = I(\underbrace{0, \cdots, 0}_{m_1 - 1}, 1, \underbrace{0, \cdots, 0}_{m_2 - 1}, 1, 0, \cdots, 0, 1, \underbrace{0, \cdots, 0}_{m_n - 1}, 1). \tag{2.4}$$

多重ゼータ値は特にその間の関係式について膨大な研究がある (詳しくは [3] など). 他にも多くの数が周期の例であることが [52] では紹介されている.

一方で自然対数の底

$$e = \sum_{n=0}^{\infty} \frac{1}{n!} = 2.718 \cdots,$$

や, Euler-Mascheroni 定数

$$\gamma = \lim_{n \to \infty} \left(\sum_{k=1}^{n} \frac{1}{k} - \log n \right)$$

は周期でないだろう, と予想されているものの, まだ分かっていない. Liouville 数 ρ も周期でないだろうと多くの数学者は確信しているが, 証明はない. それどころかこれまで知られている定数で, 周期でないことが示された例はまだない. [84] では「周期でない数に収束する有理数列」の具体的なアルゴリズムが書き

---

[1] W. Zudilin や T. Rivoal 等によって, $\zeta(3), \zeta(5), \zeta(7), \cdots$ の中には無限個の無理数があることが示されるなど, 近年目覚ましい進展があるようである.

下されているが, 対角線論法を使ったものである. 周期でない数の例をを作ることはできるが, よく知られた数が「周期でないこと」を証明するテクニックは未だに一つも知られていないといっても過言ではない.

予想 2.3 $e, \gamma, \frac{1}{\pi}, \rho$ など, これまでに積分表示が見つかっていない数は周期ではないであろう.

周期の集合 $\mathcal{P}$ はどのような集合であろうか? 現在知られていることは以下にまとめられる.

定理 2.4 (i) 周期の集合 $\mathcal{P}$ は可算無限集合である.

(ii) $\mathbb{R}_{\text{alg}} \subsetneq \mathcal{P} \subsetneq \mathbb{R}$

(iii) 周期の集合 $\mathcal{P}$ は $\mathbb{Q}$-代数の構造を持つ. すなわち, 有理数倍, 加法, 乗法で閉じている.

証明 ここでは (i) と (iii) の証明を与えよう.

(i) 整数係数多項式全体の集合 $\mathbb{Z}[x_1, x_2, \cdots, x_n, \cdots] = \bigcup_{n=1}^{\infty} \mathbb{Z}[x_1, x_2, \cdots, x_n]$ は可算集合であることに注意する. 上記の積分 $\int_\Delta \frac{P(x)}{Q(x)} dx$ は有限個の多項式の組で表されるのでそのような数は高々可算個である. それらで生成される $\mathbb{Q}$-線形空間の濃度も可算無限集合である.

(iii) 定義より $\mathcal{P}$ は $\overline{\mathbb{Q}}$-線形空間なので, $\mathcal{P}$ が積について閉じていることを示せばよい. 簡単のために, $\alpha_i = \int_{\Delta_i} f_i(\boldsymbol{x_i}) d\boldsymbol{x_i}$ $(i = 1, 2)$ とする. このとき, Fubini の定理より

$$\alpha_1 \times \alpha_2 = \int_{\Delta_1 \times \Delta_2} f_1(\boldsymbol{x_1}) f_2(\boldsymbol{x_2}) d\boldsymbol{x_1} d\boldsymbol{x_2}$$

となる (図 2.1).

よって積 $\alpha_1 \times \alpha_2$ も周期である. □

さて (ii) についてであるが, まずは実代数的数が周期であること, つまり包含関係 $\mathbb{R}_{\text{alg}} \subset \mathcal{P}$ の直感的な説明をしよう. たとえば代数的数 $\sqrt{2}$ が周期であるこ

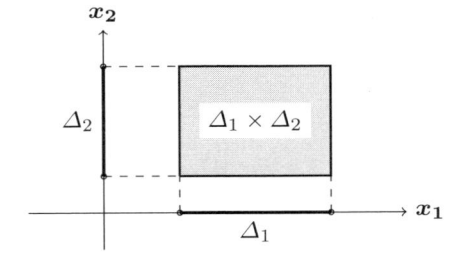

図 **2.1** Fubini の定理 $\int_{\Delta_1} \omega_1 \times \int_{\Delta_2} \omega_2 = \int_{\Delta_1 \times \Delta_2} \omega_1 \omega_2$

とを示すには，次の積分を考えればよい．

$$\sqrt{2} = \int_{0 < x, x^2 < 2} dx.$$

これは $0 < x, x^2 < 2$ で定義される線分，つまり $0 < x < \sqrt{2}$ の長さを測っていることになるので，当然，積分の値は $\sqrt{2}$ である．このように実代数的数は，有理数係数の多項式の根であることを使って，上と同様に周期であることが分かるのだが，さらにもっと強いことがいえる．今までの周期の定義において，係数体を全て $\mathbb{R}_{\mathrm{alg}}$ の元に置き換えたものを考えよう．すなわち，$F_1(x), \cdots, F_p(x), G(x), H(x) \in \mathbb{R}_{\mathrm{alg}}[x_1, \cdots, x_n]$ が存在して，

$$\Delta = \{x \in \mathbb{R}^n \mid F_1(x) > 0, \cdots, F_p(x) > 0\}$$

で定義される領域 Δ 上での積分として

$$\alpha = \int_\Delta \frac{G(x_1, \cdots, x_n)}{H(x_1, \cdots, x_n)} dx_1 \cdots dx_n$$

と表される数 α たちで $\overline{\mathbb{Q}}$ 上生成されるベクトル空間を $\mathcal{P}'$ とする．明らかに $\mathcal{P} \subset \mathcal{P}'$ である．実際は $\mathcal{P}' = \mathcal{P}$ となるのだが，それは次の定理から分かる．

定理 2.5 X が有理係数多項式 $F_1, \cdots, F_q \in \mathbb{Q}[x_1, \cdots, x_n]$ を使って

$$X = \{\boldsymbol{x} \in \mathbb{R}^n \mid F_1(\boldsymbol{x}) > 0, \cdots, F_q(\boldsymbol{x}) > 0\}$$

と表される有界集合をわたるとき，$\mathcal{P}'$ は $\mathrm{vol}(X)$ で $\overline{\mathbb{Q}}$ 上生成される．ただし，$\mathrm{vol}(X)$ はその体積である．

証明 この結果は直感的にはもっともらしいのだが,証明を真面目に書き下すのはそれほど簡単ではない. 次の領域の体積として与えられた周期を考えよう.

$$D = \{\boldsymbol{x} \in \mathbb{R}^n \mid f_1(\boldsymbol{x}) > 0, \cdots, f_p(\boldsymbol{x}) > 0\},$$

ただし $f_i \in \mathbb{R}_{\mathrm{alg}}[x_1, \cdots, x_n]$ は実代数的数係数の多項式である. ここで各 f_i の係数の Galois 共役を全て動かした積を

$$F_i := \prod_\sigma f_i^\sigma$$

とする (σ は Galois 群の作用). このとき $F_i \in \mathbb{Q}[x_1, \cdots, x_n]$ は有理数係数となることに注意する. また, $F_1 = 0, \cdots, F_p = 0$ が引き起こす $\mathbb{R}^n$ の分割は, $f_1 = 0, \cdots, f_p = 0$ が引き起こす分割をより細かくしたものであることに注意しておく.

ここで第 4 章の系 4.14 を使うと, $\mathcal{F} = \{F_1, \cdots, F_p\}$-不変な $\mathbb{Q}$-係数の半代数的セル分割が得られることが分かる[2]. よって $f_1 > 0, \cdots, f_p > 0$ で表される領域 D は, $\mathbb{Q}$-係数の半代数的集合のいくつかの和集合となるので,特にその体積は有理数係数の多項式の不等式で定義された領域の体積の和集合として表される. □

2.2 周期の間の関係式: Kontsevich-Zagier の予想

周期の集合 $\mathcal{P}$ は代数的数を含み,他にも有用な超越数を多数含んだ環であることが分かる. しかしこれだけのことなら,他にも多くの数のクラスが候補として挙がる (たとえば後述の古典数). Kontsevich-Zagier の周期が広く注目を集めているのは,以下で述べる予想に依る所が大きい. Kontsevich-Zagier は周期の間の代数的な関係式が**当然成り立つべき関係式**以外に存在しないことを予想している. 周期の間の関係式とは何か? たとえば次の三つの周期を考えよう.

---

[2] このあたりの用語の定義は第 4 章参照. 大雑把には,多項式系 $F_1 = 0, \cdots, F_p = 0$ から得られる $\mathbb{R}^n$ の分割をより細かくして, $\mathbb{Q}$ 係数の可縮な半代数的集合による $\mathbb{R}^n$ の分割が得られることを主張している.

$$\log 2 = 0.693147\cdots$$
$$\log 3 = 1.098612\cdots$$
$$\log 6 = 1.791759\cdots$$

これらの間には
$$\log 6 = \log 2 + \log 3 \tag{2.5}$$
という関係式がある．これは $6 = 2 \times 3$ と対数法則 $\log(ab) = \log a + \log b$ を知っていれば自明である．ちなみに対数法則は，対数関数が指数関数 $y = e^x$ の逆関数であること，および指数法則 $e^{x+y} = e^x \times e^y$ から得られることを思い出しておこう．

ここで一旦対数関数の由来 (指数関数の逆関数) を忘れることにして，$\log n = \int_1^n \frac{dx}{x}$ という積分表示だけに注目しよう．積分表示だけを使って上の関係式 (2.5) を証明できるだろうか？ もちろん可能である．

$$\log 6 = \int_1^6 \frac{dx}{x}, \tag{2.6}$$
$$= \int_1^2 \frac{dx}{x} + \int_2^6 \frac{dx}{x}, \quad (\text{積分範囲を分割}) \tag{2.7}$$
$$= \log 2 + \int_1^3 \frac{dx'}{x'}, \quad (\text{変数変換 } x = 2x') \tag{2.8}$$
$$= \log 2 + \log 3. \tag{2.9}$$

確かに $\log 6$ と $\log 2 + \log 3$ が等しいことが証明されている．しかしここでもまた，第 1 章で代数的数に対して見たのと同じことが起こっている．上の証明は確かに二つの実数が等しいことを証明しているのだが，収束する近似列に関することは何も使っておらず，それらの値は全く証明に現れないのである．たとえば上の証明を見ても $\log 6$ が 1.8 より大きいか小さいかも分からない．我々は値は求めずに，それらを表示する積分のレベルで式変形をして，積分のレベルで値が等しいことを証明しているのである．積分のレベルで式を変形をする際に上で使ったのは，

- 積分範囲の分割および被積分関数に関する加法性:

$$\int_a^b (f(x)+g(x))dx = \int_a^b f(x)dx + \int_a^b g(x)dx$$
$$\int_a^b f(x)dx = \int_a^c f(x)dx + \int_c^b f(x)dx,$$

- 変数変換: $x = u(x')$ が可逆な変数変換で, $a = u(a'), b = u(b')$ のとき,

$$\int_a^b f(x)dx = \int_{a'}^{b'} f(u(x'))\frac{dx}{dx'}dx'.$$

の二つの性質である．もう一つ忘れてはならない基本的な性質は

- 微分積分学の基本定理:

$$\int_a^b F'(x)dx = F(b) - F(a)$$

であろう．Kontsevich-Zagier の予想は，これらを高次元化した三つの法則だけで，周期間のあらゆる関係式が積分のレベルで証明可能なのではないか，というものである．

予想 2.6 (Kontsevich-Zagier 予想)　二つの周期 $\alpha_i = \int_{\Delta_i} \omega_i \ (i = 1, 2)$ が実数として等しい，つまり $\alpha_1 = \alpha_2$ のとき，以下の三つの法則のみを用いて積分表示 $\int_{\Delta_1} \omega_1$ から $\int_{\Delta_2} \omega_2$ へ変形できる．

(1) 線形性 (被積分関数や積分領域に関する):

$$\int_\Delta (\omega + \omega') = \int_\Delta \omega + \int_\Delta \omega',$$
$$\int_\Delta \omega = \int_{\Delta_1} \omega + \int_{\Delta_2} \omega.$$

ただし，両辺の積分は全て定義 2.1 の基本周期である．$\Delta = \Delta_1 \cup \Delta_2$ かつ $\Delta_1 \cap \Delta_2$ は測度 0 の集合とする．

(2) 変数変換: $f : \Delta' \longrightarrow \Delta$ を可逆な代数的変数変換としたとき,

$$\int_\Delta \omega = \int_{\Delta'} f^*\omega.$$

(3) Stokes の公式: $\omega = d\eta$ のとき,
$$\int_\Delta d\eta = \int_{\partial\Delta} \eta.$$

注意 2.1 周期の等式を示す際に次の簡約律

(4) $\alpha, \beta, \gamma \in \mathcal{P}$ が周期で $\alpha \neq 0$ が分かっているとする．このとき, $\alpha\beta = \alpha\gamma \Longrightarrow \beta = \gamma$.

は必要ないのだろうか，と気になるかもしれない．たとえば
$$\sqrt{\pi} = \int_{-\infty}^{\infty} e^{-x^2} dx,$$
の証明を思い出してみると，右辺の積分を I と置いたときに, $I^2 = \pi$ を証明するものである．ここから $I = \sqrt{\pi}$ は明かであるが，細かい指摘をすると, $I + \sqrt{\pi} > 0$ であることから $(I - \sqrt{\pi})(I + \sqrt{\pi}) = 0$ を経由して, $I - \sqrt{\pi} = 0$ を帰結するのである．($\sqrt{\pi}$ は周期ではないと予想されているので，この証明で簡約律が必要であったとしても，上の予想と矛盾するわけではない．) Kontsevich-Zagier の予想は，簡約律 (4) は不要という主張を含んでいる．周期の等号を証明するのに (1), (2), (3) だけで十分という主張は，非常に強い主張をしていることが分かる．なお, (4) の簡約律は，以下で定義する，抽象的周期環が整域であるという主張と関係している．

筆者は詳細を理解していないが, Ayoub ([10]) によると，抽象的周期環の整域性は, Kontsevich-Zagier の予想 2.6 と第 6 章で述べる Grothendieck の周期予想 (予想 6.15) の差に関係しているとのことである．[10, Theorem 31] では次の二つが同値であることが述べられている．

(a) Kontsevich-Zagier の予想 2.6 が成立する．
(b) Grothendieck の周期予想 (予想 6.15) が成立し，さらに抽象的周期環 $\mathcal{P}_{\mathrm{KZ}}$ が整域．

つまり，大雑把には，簡約律 (4) は, Grothendieck の周期予想と Kontsevich-Zagier の予想の差に対応しているということのようである．

Kontsevich-Zagier の予想 2.6 が正しそうだと多くの人が感じている根拠は，微分積分の発明以降，様々な『周期の間の等式』が証明されてきたが，それらの証明がどれも (おそらく全て) 実数の値を直接求めることはせずに，積分や他の表示方法の形式的なレベルで等式を示すという方針でなされてきた経験則によるものと思われる [3]．予想 2.6 は大変難しい問題で，現在の数学では全く手が出ないというのが多くの専門家が感じている所である．証明されるにしろ，反例が見つかるにしろ [4] 解決まで相当長い時間が必要になるだろうと考えられている．もしかしたらギリシアの三大作図問題のように，長い期間にわたって実数に対する理解を導く予想なのかもしれない．

例 2.1 正の有理数 $a, b \in \mathbb{Q}_{>0}$ で $ab < 1$ となるものを考える．このとき

$$\int_0^{\frac{a+b}{1-ab}} \frac{dx}{1+x^2} = \int_0^a \frac{dx}{1+x^2} + \int_0^b \frac{dx}{1+x^2}$$

が成り立つ．これは加法公式 $\tan(\alpha + \beta) = \frac{\tan\alpha + \tan\beta}{1 - \tan\alpha\tan\beta}$ を言い換えたものにすぎないが，周期の間の関係式といえる．実際，対数法則の証明と同様に簡単な積分の変換で示すことができる．($\int_0^{\frac{a+b}{1-ab}} = \int_0^a + \int_a^{\frac{a+b}{1-ab}}$ なので，$\int_a^{\frac{a+b}{1-ab}} = \int_0^b$ を示せば十分である．これは変数変換 $x = \frac{a+t}{1-at}$ をすることで簡単にチェックできる．)

例 2.2 ([52])

$$I = \int_0^1 \int_0^1 \frac{1}{1-xy} \frac{dxdy}{\sqrt{xy}} \tag{2.10}$$

を考える．

$$x = \xi^2 \frac{1+\eta^2}{1+\xi^2}, \ y = \eta^2 \frac{1+\xi^2}{1+\eta^2},$$

と変数変換すると，積分領域 $\Delta_1 := \{(x,y) \mid 0 < x, y < 1\}$ は $\Delta_2 := \{(\xi, \eta) \mid \xi >$

---

[3] しかしこれは単に我々が周期を扱う際に，積分表示以外の扱い方を知らないことを表明しているにすぎないという可能性も考えられる．

[4] または ZFC などのポピュラーな公理系からは独立であるかもしれない．

$0, \eta > 0, \xi\eta < 1\}$ と一対一に対応する. Jacobian は

$$\det \begin{pmatrix} \frac{\partial x}{\partial \xi} & \frac{\partial x}{\partial \eta} \\ \frac{\partial y}{\partial \xi} & \frac{\partial y}{\partial \eta} \end{pmatrix} = \frac{4\xi\eta(1-\xi^2\eta^2)}{(1+\xi^2)(1+\eta^2)} = 4\frac{(1-xy)\sqrt{xy}}{(1+\xi^2)(1+\eta^2)}$$

となるので

$$I = 4\int_{\Delta_2} \frac{d\xi}{1+\xi^2} \frac{d\eta}{1+\eta^2}$$

また $\Delta_3 := \{(\xi,\eta) \mid \xi > 0, \eta > 0, \xi\eta > 1\}$ と置くと, $(\xi,\eta) \longmapsto (\xi^{-1}, \eta^{-1})$ で Δ_2, Δ_3 は一対一に対応し, 座標変換をすると

$$\int_{\Delta_2} \frac{d\xi}{1+\xi^2} \frac{d\eta}{1+\eta^2} = \int_{\Delta_3} \frac{d\xi}{1+\xi^2} \frac{d\eta}{1+\eta^2}$$

を得る. よって $\Delta_2 \sqcup \Delta_3$ は $\{(x,y) \mid x,y > 0\}$ の稠密な開集合であることに注意すると次が分かる.

$$\begin{aligned} I &= 4\int_{\Delta_2} \frac{d\xi}{1+\xi^2} \frac{d\eta}{1+\eta^2} = 2\int_{\Delta_2} \frac{d\xi}{1+\xi^2} \frac{d\eta}{1+\eta^2} + 2\int_{\Delta_3} \frac{d\xi}{1+\xi^2} \frac{d\eta}{1+\eta^2} \\ &= 2\int_{x,y>0} \frac{d\xi}{1+\xi^2} \frac{d\eta}{1+\eta^2} = 2\int_0^\infty \frac{d\xi}{1+\xi^2} \int_0^\infty \frac{d\eta}{1+\eta^2} \\ &= \frac{\pi^2}{2} \end{aligned} \quad (2.11)$$

なお, もとの定義式 (2.10) の被積分関数を冪級数表示して, 項別積分をすると,

$$I = \sum_{n=0}^\infty \frac{1}{(n+\frac{1}{2})^2} = 4\sum_{n=0}^\infty \frac{1}{(2n+1)^2} = 3\cdot\zeta(2)$$

を得る. これからオイラーによる有名な公式 $\zeta(2) = \frac{\pi^2}{6}$ が得られる. (最後の式変形については第 7 章 (7.45) を参照.)

2.3 抽象的周期環

Kontsevich-Zagier の予想 2.6 は, 二つの積分の値が等しければ, 一方の積分を定める入力データ (関数と積分領域) を変形していけばもう一方の積分の入力データになることを主張するものである. これを別のやり方で定式化しよう. つまり入力データたちがなす環を抽象的に定義して, 予想 2.6 をその環から $\mathbb{C}$ へ

のある準同型が単射であるという形で述べることができる. (ここで使われている用語は第 6 章 §6.2 で定義する.)

定義 2.7 (1) 次の 5 つ組

$$[X, Z, n, \gamma, \omega]$$

を**抽象的周期**と呼ぶ. ただし,

- X は $\overline{\mathbb{Q}}$ 上の射影代数多様体.
- $Z \subset X$ は閉部分多様体.
- $n \in \mathbb{Z}_{\geq 0}$.
- $\gamma \in H_n(X^{\mathrm{an}}, Z^{\mathrm{an}}, \mathbb{Z})$ は相対ホモロジー類 (特異ホモロジー).
- $\omega \in H^n_{\mathrm{dR}}(X, Z)$ は代数的 de Rham コホモロジー類 (定義は第 6 章).

(2) 全ての抽象的周期 $[X, Z, n, \gamma, \omega]$ が生成する $\overline{\mathbb{Q}}$-ベクトル空間を以下の関係式で割って得られる環を $\mathcal{P}^{\mathrm{eff}}_{\mathrm{KZ}}$ と表す.

- (加法性) $[X, Z, n, \gamma, \omega]$ は γ と ω に関して加法的である.
- (変数変換) $f : (X', Z') \longrightarrow (X, Z)$ が $\overline{\mathbb{Q}}$ 多様体の射とする. $\gamma' \in H_n(X'^{\mathrm{an}}, Z'^{\mathrm{an}})$, $\omega \in H^n_{\mathrm{dR}}(X, Z)$ に対して, 次が成り立つ.

$$[X, Z, n, f_*\gamma', \omega] = [X', Z', n, \gamma', f^*\omega]. \qquad (2.12)$$

- (Stokes の公式) $X \supset Y \supset Z$ を閉部分多様体とする. $\gamma \in H_n(X^{\mathrm{an}}, Y^{\mathrm{an}})$, $\omega \in H^{n-1}_{\mathrm{dR}}(Y, Z)$ に対して, 次が成り立つ.

$$[X, Y, n, \gamma, d\omega] = [Y, Z, n-1, \partial\gamma, \omega] \qquad (2.13)$$

(3) $\mathcal{P}_{\mathrm{KZ}} = \mathcal{P}^{\mathrm{eff}}_{\mathrm{KZ}}[\frac{1}{2\pi i}]$ を**抽象的周期環**と呼ぶ [5].

広中の特異点解消定理より, 上の定義において, X は滑らかで, $Z \subset X$ は正規交叉因子としても良い. また, 積構造は次で定義される: 二つの抽象的周期 $[X_1, Z_1, n_1, \gamma_1, \omega_1]$, $[X_2, Z_2, n_2, \gamma_2, \omega_2]$ に対して,

---

[5] $2\pi i$ で局所化したものを考える理由については, 第 6 章, 定理 6.14 参照.

$$[X_1, Z_1, n_1, \gamma_1, \omega_1] \times [X_2, Z_2, n_2, \gamma_2, \omega_2] =$$
$$[X_1 \times X_2, Z_1 \times X_2 \cup X_1 \times Z_2, n_1 + n_2, \gamma_1 \times \gamma_2, p_1^* \omega_1 \wedge p_2^* \omega_2],$$

と定義する．ただし，$p_i : X_1 \times X_2 \longrightarrow X_i$ は射影である．

さて，ここで定義した抽象的周期 $[X, Z, n, \gamma, \omega] \in \mathcal{P}_{\mathrm{KZ}}$ が上で述べた "積分の入力データ" である．入力データに対してはもちろん積分値を計算することができる．抽象的周期 $[X, Y, n, \gamma, \omega]$ が与えられたとき，そのコホモロジー類をサイクル上積分するという写像

$$\mathrm{Ev} : [X, Y, n, \gamma, \omega] \longmapsto \int_\gamma \omega \in \mathbb{C}$$

が定義される．この写像は，積分の基本性質と Fubini の定理から，環準同型 $\mathrm{Ev} : \mathcal{P}_{\mathrm{KZ}}^{\mathrm{eff}} \longrightarrow \mathbb{C}$ を引き起こす．Kontsevich-Zagier の予想 2.6 は，積分の間の関係式は，加法性，変数変換，Stokes の公式で生成できるだろうという主張であり，次のように言い換えられる．

予想 2.8　$\mathrm{Ev} : \mathcal{P}_{\mathrm{KZ}} \longrightarrow \mathbb{C}$ は単射である．

2.4 Ayoub による定式化

J. Ayoub によって新しい視点から，周期の定義と周期の間の操作の定式化がなされている．この定式化はいくつかの点で重要である．まず Ayoub による定式化と Kontsevich-Zagier による定式化の間の関係は (全く明らかではないが) 同値とのことである[6]．Ayoub は彼の定式化に基づいて，予想 2.6 の関数版とでもいうべき結果を証明している ([9])．

複素数係数の形式的冪級数

$$f(z_1, \cdots, z_n) = \sum_{i_1, \cdots, i_n \geq 0} a_{i_1 \cdots i_n} z_1^{i_1} \cdots z_n^{i_n}$$

であって，収束半径が 1 より大きいもの，つまり，閉円盤 $\mathbb{D}^n = \{(z_1, \cdots, z_n) \in \mathbb{C}^n \mid |z_i| \leq 1\}$ の近傍で収束するもの全体のなす環を $\mathcal{O}(\mathbb{D}^n)$ で表す．冪級数 $f \in$

---

[6]　残念ながら詳細を解説することは筆者の能力を大きく超えている．[10] 参照．

$\mathcal{O}(\mathbb{D}^n)$ で, 有理関数体 $\mathbb{Q}(z_1, \cdots, z_n)$ 上代数的なもの全体を $\mathcal{O}_{\mathrm{alg}}(\mathbb{D}^n)$ で表す. 変数 $z_1, \cdots, z_n$ に関する冪級数は, 自然に $z_1, \cdots, z_n, z_{n+1}$ に関する冪級数とみなすことができる. このことから, 自然に

$$\mathcal{O}_{\mathrm{alg}}(\mathbb{D}^0) \hookrightarrow \mathcal{O}_{\mathrm{alg}}(\mathbb{D}^1) \hookrightarrow \cdots \hookrightarrow \mathcal{O}_{\mathrm{alg}}(\mathbb{D}^n) \hookrightarrow \mathcal{O}_{\mathrm{alg}}(\mathbb{D}^{n+1}) \hookrightarrow \cdots$$

という包含列が得られる. この列の帰納極限 (和集合) を $\mathcal{O}_{\mathrm{alg}}(\mathbb{D}^\infty)$ と表す. 冪級数 $f \in \mathcal{O}_{\mathrm{alg}}(\mathbb{D}^n)$ に対して, $\mathrm{Ev}(f)$ を

$$\mathrm{Ev}(f) = \int_{[0,1]^n} f(z_1, \cdots, z_n) dz_1 \cdots dz_n$$

とする. この積分は包含写像 $\mathcal{O}_{\mathrm{alg}}(\mathbb{D}^n) \hookrightarrow \mathcal{O}_{\mathrm{alg}}(\mathbb{D}^{n+1})$ と可換なので, 写像 $\mathrm{Ev} : \mathcal{O}_{\mathrm{alg}}(\mathbb{D}^\infty) \longrightarrow \mathbb{C}$ が well-defined である.

微分積分学の基本定理から, $f \in \mathcal{O}(\mathbb{D}^n)$ に対して,

$$\frac{\partial f}{\partial z_i} - f|_{z_i=1} + f|_{z_i=0} \tag{2.14}$$

の積分は 0 となる.

定義 2.9 環 $\mathcal{O}_{\mathrm{alg}}(\mathbb{D}^\infty)$ を (2.14) という形の全ての元で生成されるイデアルで割った剰余環を $\mathcal{P}_{\mathrm{AY}}^{\mathrm{eff}}$ とする. また $\mathcal{P}_{\mathrm{AY}} = \mathcal{P}_{\mathrm{AY}}^{\mathrm{eff}}[\frac{1}{2\pi i}]$ を Ayoub の意味での抽象的周期環と呼ぶ.

Ayoub の意味での抽象的周期と Kontsevich-Zagier の意味での抽象的周期の間には, 次のような環準同型

$$\mathcal{P}_{\mathrm{AY}} \longrightarrow \mathcal{P}_{\mathrm{KZ}} \tag{2.15}$$

が自然に定まる. Ayoub [10] によると, 上の準同型 (2.15) は同型となるそうである. この同型の証明は, Motivic Galois 群の理論を使ってなされており, その詳細を解説することは筆者にはできないが, それを使って重要な主張がたくさんなされている. たとえば, 先に注意 2.1 で述べた主張はその一つである.

問題 2.1 準同型 (2.15) が同型であること, の初等的な証明を与えよ. (特に全射性の証明は, 実代数幾何の事実が使えるのではないかと期待されている.)

2.5　初等的数, 古典数

代数的数と多くの重要な超越数を含む数の (可算) 集合を定めようという試みは他にもなされている. 第 5 章で紹介する計算可能実数はその最も広いクラスといえる.

一方, 梅村 ([77, 78]) は代数的な線形微分方程式の特殊値を考えるという観点から**初等 (的) 数**や**古典数**を導入している. まず $\mathbb{Q}$-初等的関数と初等的数を定義しよう.

定義 2.10　$K \subset \mathbb{C}$ を $\mathbb{C}$ の部分体とする. K-**初等 (的) 関数**とは以下で定義される関数である.

(1) 有理関数 $f(x) \in K(x)$ は K-初等的関数である.
(2) f, g が K-初等的関数なら, $f \pm g, f \times g, \frac{f}{g}$ も K-初等的関数である.
(3) $a_1, \cdots, a_n$ が K-初等的関数で, 関数 f が $f^n + a_1 f^{n-1} + \cdots + a_{n-1} f + a_n = 0$ を満たせば f も K-初等関数.
(4) $f(x)$ が K-初等関数であれば, $e^{f(x)}$ や $\log f(x)$ も K-初等関数.
(5) これらの操作で定義される関数だけを K-初等関数という.

例 2.3　$e^x, \log x, \sin x = \frac{e^{ix} - e^{-ix}}{2i}, \cos x = \frac{e^{ix} + e^{-ix}}{2}$ などは $\mathbb{Q}$-初等関数である. また $\mathbb{Q}$ 上の代数的数や代数関数も $\mathbb{Q}$-初等関数である.

定義 2.11　$\mathbb{Q}$-初等的な定数関数を**初等 (的) 数**という.

定義から $\pi, \log \alpha\ (\alpha \in \overline{\mathbb{Q}}), \log \log (e^{e^{\sqrt{2}+\pi} + e^{\frac{1}{\pi}}} + \sqrt[3]{7})$ などは初等的数である. 一方, J. Liouville によって, 積分 $\int e^{-x^2} dx$ が ($\mathbb{C}$-) 初等的関数ではないことが示されている. このことから, 特殊値, たとえば $\int_0^1 e^{-x^2} dx$ などは初等的数ではないと期待されているが, 分かっていない. 初等的数とそれ以外の数を区別する効果的な方法が知られていない.

定義 2.12　$K \subset \mathbb{C}$ を $\mathbb{C}$ の部分体とする. K-**古典関数**とは以下で定義される関数である.

(1) 有理関数 $f(x) \in K(x)$ は K-古典関数である.
(2) f, g が K-古典関数なら, $f \pm g, f \times g, \frac{f}{g}$ も K-初等的関数である.
(3) f が古典関数なら f' も古典関数である.
(4) $a_1, \cdots, a_n$ が K-初等的関数で, 関数 f が $f^n + a_1 f^{n-1} + \cdots + a_{n-1} f + a_n = 0$ を満たせば f も K-初等関数.
(5) f が古典関数であれば積分 $F = \int f dx + C$ $(C \in K)$ も古典関数である.
(6) $\mathbb{Z}^{2g} \simeq \Gamma \subset \mathbb{C}^g$ を格子として, $\mathbb{C}^g / \Gamma = A$ は K 上定義された Abel 多様体と仮定し, $\pi : \mathbb{C}^g \longrightarrow A$ を自然な射影とする. $f_1, \cdots, f_g$ が古典関数として $F = (f_1, \cdots, f_g) : \mathbb{C} \longrightarrow \mathbb{C}^g$ と置き, $\phi : A \longrightarrow \mathbb{C}$ を (K 上定義された) 有理関数とする. このとき, $\phi \circ \pi \circ F$ も古典関数である.
(7) これらの操作で定義される関数だけを K-古典関数という.

古典関数の定義は多くの操作を含んでいるように見えるが, (4)〜(6) は K 上定義された代数群の上の積分を使って統一される ([77]). G を K 上定義された代数群として, $\mathrm{Lie}(G) \simeq K^g$ を固定しておく. $f_1, \cdots, f_g$ を開集合 $D \subset \mathbb{C}$ 上の点 $p \in D$ を固定する. $f_1, \cdots, f_g$ を D 上の正則関数で $f_1(p) = \cdots = f_g(p) = 0$ を満たしているとする. $(f_1, \cdots, f_g) : D \longrightarrow \mathrm{Lie}(G) \otimes \mathbb{C}$ を積分することで $F : D \longrightarrow G \otimes \mathbb{C}$ が得られる. G 上の K-有理関数 φ と F の合成 $\varphi \circ F : D \longrightarrow \mathbb{C}$ を新たな既知の関数とする.

また, 全く自明ではないが, 古典関数の合成もまた古典関数となることが知られている.

梅村の古典数は代数的数と多くの算術的な香りのする超越数を含む有用な集合に見える. 実際, Ayoub の結果 (2.15) を使うと周期は全て古典数であることが分かる (定理 7.27). そこで次に自然に問題になるのは, いつ二つの古典数が等しいか? という問いである. 言い換えると, 周期に対する Kontsevich-Zagier の予想 2.6 の「古典数版」を定式化する次の問題を考えてみたくなる.

問題 2.2 古典数に対して, Kontsevich-Zagier の予想 2.6 の類似を定式化せよ.

§6.7 で述べるように, Kontsevich-Zagier の予想 2.6 を仮定すると, 周期間の等号がアルゴリズミックに決定可能であることが分かる. もし古典数に対しても Kontsevich-Zagier の予想 2.6 の類似が成立すれば, 古典数に対する等号もアルゴリズミックに決定可能であることが分かる. 一方, 第 5 章 (§5.7) で見るように, 古典関数や初等関数に関する非常に単純な命題に対してすら, 決定不可能問題があることが知られている. このことは, 古典数に対する等号の成立／非成立の決定が大変難しいことを示唆しているように思われる.

第3章
Leibniz

　Leibniz (1646-1716) は Newton (1642-1727) と並んで微分積分学 (無限小解析) の創始者としてよく知られている. 本書のテーマ「周期」はもちろん彼らの創始した微分積分学に基づいた概念である. 彼らは数学や物理学の多くのテーマにおいて競争関係にあったのだが, Leibniz は『数』そのもの, 数学の内的構造や形式的側面に対する強い興味を (Newton に比べると) 持っていたように見える. たとえば, Leibniz は『関数』と『数』の類似性と差異を論じ, 周期の持つ超越性を (証明は持っていなかったが) 現代的な意味ではっきりと認識していた ([5, 82]). またアルゴリズムに注目することの重要性を説いており, 超越数を扱う際には, その数に収束する有理数列を生成するアルゴリズムそのものに注目すべきであると述べている.

　周期の超越性に関しては Leibniz の死後 100 年たった 19 世紀にようやく動き出し, 現在までに大きな発展があった. しかし現代の数学者の多くが共有している, 周期の超越性や数と関数の類似性／差異に対する感覚は, Leibniz の頃のそれとあまり変わっていない. 本章では, Leibniz の考えを追うことで, そのあたりの「感覚」を伝えたい. また Leibniz の生涯の夢とされる普遍記号論の紹介を通して, Kontsevich-Zagier の予想 2.6 はそのささやかな実現とみなせることをみたい.

　Leibniz の生涯は大きく「パリ以前 (幼少〜大学を出て国際的な舞台へ 1646-1671)」「パリ時代 (1672-1676)」「パリ以後 (ハノーファーでの活動 1676-1716)」の 3 期に分けることができる. 以下ではバックグラウンドとして, パリ以前の時期を少し紹介し, そのあと本書に関わる次の 3 点について Leibniz の仕事や発言を見る.

　(i) π の算術的求積 (いわゆる Leibniz の公式).

(ii) Leibniz の普遍記号論.

(iii) 周期の超越性を巡る発言.

3.1 略　伝

　Gottfried Wilhelm Leibniz は 1646 年 7 月 1 日にドイツのライプツィヒで生まれる (父はライプツィヒ大学の哲学教授 Friedrich Leibniz, 母はその三番目の妻 Catharina Schmuck). 6 歳のときに父を亡くし, その後は母に育てられる. 8 歳のときに Leibniz の才能を認めた近所の貴族が親族を説得し, 父の書庫を Leibniz に開放, 以後ラテンの古典やキリスト教神学書を心の赴くままに読んだ. 1653 年から 1661 年の春までライプツィヒのニコライ学院で学んだ. このころ (～14 歳), 論理学や哲学に関心を持ち, 「人間思考のアルファベット」という標語で述べられ, 彼の人生を超えて大きな影響を与えることになる「普遍記号論」の着想を得ていたようである (後述).

　Leibniz は 1661 年の春にライプツィヒ大学に入学. 法律や哲学で学士と修士をとり, 1666 年に教授資格論文を執筆. これは直後に「結合法論」(Dissertatio de arte combinatoria) として刊行された. ライプニッツの普遍記号論を世に知らしめ, 生涯にわたり追求されるテーマの基礎となった.

　残念ながら彼の学業は順風満帆というわけではなかった. くだらない理由 (早熟な学生に対する嫉妬や個人的な恨みが理由とされるが詳細は不明) からライプツィヒ大学では学位申請が受け付けられないことを知ると迷わず故郷を捨て, アルトドルフ大学へ再入学する. 直後にアルトドルフ大学へ学位を申請し, 1667 年に法学博士号を取得. 大学を出た後は, 有力者への接触や売り込みを始め, マインツ選帝侯 Schönborn の側近 Boineburg の知遇を得る. この頃から有力政治家との付き合いや献策, また神学, 哲学, 物理学について活発な活動を開始する. 1671 年に出版した「新物理学仮説」がイギリスの王立協会から刊行され, 王立協会やパリの科学アカデミーなどヨーロッパ最高の科学者のコミュニティーからも徐々に注目を集め始めたようである. 同年, 学問への理解があり後に Leibniz の庇護者となるハノーファー公 Johann Friedrich とフランクフルトにて会見. 学問を完成させ, 才能を発揮するためにパリへ行くことをサポートしてもらう約

束を取り付ける．

　当時のドイツは 30 年戦争で疲弊, 分裂した状態であった. 一方でフランスは太陽王ルイ 14 世の治世が絶頂期を迎えつつある時期で, フランスのドイツ侵略は時間の問題と見られていた. 1672 年に「ルイ 14 世の侵略的野望の矛先をヨーロッパからエジプトへそらそうとする」"エジプト計画" を携えてパリに出発. 残念ながら時すでに遅く, Leibniz のパリ到着直後にフランスがオランダとの戦争を始めたためエジプト計画は頓挫した. また後ろだてであった Boineburg とマインツ選帝侯 Schönborn の逝去もあり, 政治活動はうまくいかなかった. しかしそのおかげでかえってパリ時代 (1672-1676) は研究の実りが多い時期であった. (微分積分が完成し現在まで使われている Leibniz による記号法が確立するのもこの時期である.) 特にパリに到着した 1672 年の秋に Christiaan Huygens (1629-1695) と会ったことは Leibniz の数学的才能を伸ばす上で決定的に重要であった.

　Huygens との最初の話題は無限級数についてであった. Leibniz のアイデアは, 数列の和 $a_1 + \cdots + a_n$ を求める際に, a_i を階差に持つ数列 b_i, つまり $b_i - b_{i-1} = a_i$ を満たす b_i を見つけることで,

$$a_1 + \cdots + a_n = b_n - b_0$$

と表すことができるというものであった. 今でこそなんということもないアイデアだが, まだ本格的な数学を始めたばかりだった Leibniz には, その方法であらゆる数列の和, 無限級数ですら求めることができると楽観的に考えていたようである. Huygens はそのアイデアが使えるかどうかのテストとして, 三角数 $1 + 2 + 3 + \cdots + n = \frac{n(n+1)}{2}$ の逆数の和 $\sum_{n=1}^{\infty} \frac{2}{n(n+1)}$ を求めてみるよう Leibniz に指示したそうである. この級数の値は, 少し前に Huygens 自身が確率の研究の中で求めていたものであった. Leibniz は

$$\frac{2}{n(n+1)} = 2\left(\frac{1}{n} - \frac{1}{n+1}\right)$$

を使って, $\sum_{n=1}^{\infty} \frac{2}{n(n+1)} = 2$ と Huygens と同じ答えに辿り着いた. ちなみに "規則的な無限級数の和はいつでも求められる" という Leibniz の信念はおそらく

長くは続かなかったであろう．後に Leibniz は無限級数の極限である円周率が超越数になることを予想しているからである．

Leibniz は Huygens から最先端の数学の手ほどきをうけ，パリを去った後も Huygens が亡くなるまで手紙を通して多くのことが議論された．周期の超越性に触れた 1691 年の手紙については §3.4 で紹介する．

3.2　π の算術的求積

Leibniz の名のつくもので最も有名なものの一つは円周率に関するいわゆる **Leibniz の公式**：

$$\frac{\pi}{4} = 1 - \frac{1}{3} + \frac{1}{5} - \frac{1}{7} + \frac{1}{9} - \cdots \tag{3.1}$$

であろう[1]．証明はタンジェントの逆関数の微分 $\frac{d}{dx}\arctan x = \frac{1}{1+x^2}$ と $\arctan 1 = \frac{\pi}{4}$ を使えばすぐできる．実際

$$\begin{aligned}
\frac{\pi}{4} &= \arctan 1 \\
&= \int_0^1 \frac{dx}{1+x^2} \\
&= \int_0^1 \left(1 - x^2 + x^4 - x^6 + x^8 - \cdots\right) dx \\
&= 1 - \frac{1}{3} + \frac{1}{5} - \frac{1}{7} + \frac{1}{9} - \cdots = \sum_{n=0}^{\infty} \frac{(-1)^n}{2n+1}.
\end{aligned}$$

(厳密には無限級数 $1 - x^2 + x^4 - \cdots$ の収束半径上の値 $x = 1$ を項別積分に代入する所で，収束について少し気をつけて議論する必要があるが，詳しいことは多くの標準的な教科書に載っているので省略．)

Leibniz はこの公式の証明をパリ時代の 1673 年に得ており，Huygens に手紙で報告している．奇数の等差数列の逆数の交代和として円周率を表すことから「円周率の**算術的求積** (Quadratura arithmetica)」と呼んでいた．Leibniz は「円

---

[1]　この公式は同時代の Gregory が Leibniz より前に得ていた．さらに 1500 年頃のインドの数学書に既に記されているとのことである [64] ([12] 所収)．本書では単純に "Leibniz の公式" と呼ぶ．

周率の算術的求積」の発見を大いに誇りとしており，同時代の無限級数に関する多くの結果との差異を繰り返し強調している．たとえば，対数の値に関して当時既に

$$\log 2 = 1 - \frac{1}{2} + \frac{1}{3} - \frac{1}{4} + \cdots$$

が知られていた．これは積分表示 $\log 2 = \int_0^1 \frac{dx}{1+x}$ と，等比級数の和の公式 $\frac{1}{1+x} = 1 - x + x^2 - x^3 + \cdots$ の項別積分から直ちに得られる．円周率に関する Leibniz の公式と似てはいるのだが，導出法に関して双曲線の方程式 $y = \frac{1}{x}$ は，x が有理数のとき y も有理数になるという著しい性質を持っている．一方，円の方程式 $y = \sqrt{1-x^2}$ はそうではなく，x が有理数であっても y が無理数になることもあり，それゆえ円の算術的求積は難しいと強調している．この公式はまた，

$$\frac{\log 2}{2} = \frac{1}{2} - \frac{1}{4} + \frac{1}{6} - \frac{1}{8} + \frac{1}{10} - \cdots$$

と書き直すと，Leibniz の公式との類似性はより鮮明になる (片や奇数の逆数の交代和，もう一方は偶数の逆数の交代和)．Leibniz はこれらの類似性に強い印象を受けたようで，円周率と指数・対数関数の間の深い関係を予想していたとのことである [41, p.61]．現代からみれば，Euler の公式 $e^{i\theta} = \cos\theta + i\sin\theta$ として端的に表される，三角関数と指数関数の間の関係を予感していたのかもしれないと簡単にいうことはできるが，二つの数 π と $\log 2$ そのものではなく，それらの級数表示を見ることで，背後にある深い数学に想像を巡らせるという姿勢自体が当時は斬新だったのではないかと思われる．

　円周率の超越性という概念が当時なかなか理解されなかったように (後述)，算術的求積もまたその意義を認めさせるために Leibniz は苦労をしている．円周率に対するそれまでの研究は主に正確な近似値の計算を目指したものであったが，Leibniz は円周率に収束する単純な級数の存在そのものに心打たれたようで，近似計算の研究との本質的な違いを際立たせようとしている．

> 実を言えば，このような近似値は実用幾何学においては有益なものであるけれども，無限に続けるべきこのような数の進行法則が見出されない限り，真理を求める精神を何ら満足させるものではない．(「有理数によって表された外接正方形に対する円の真の比について」(1682) [54, p. 280])

3.2 π の算術的求積

さらに踏み込んで「有限なものの規則は無限なものにも当てはまることを捉えるのである」(Varignon への手紙 (1702) [46, p. 108]) とも述べている. 円周率 π のような超越数は, 方程式を使った特徴づけは存在せず, 数列の極限を理解することは, 数列を生成する一般的規則を理解することに他ならないと考えていたようである. 円周率の研究は古来から多くなされてきたが, それらを整理し自身の研究を位置づける ([38, p. 45]) など, 膨大な研究に対する明晰な理解は, 当時のアカデミーでも群を抜いており, またアルゴリズムの有無を意識的に論じたかなり古い例ではないかとも思われる. 実数そのものではなく, その数を生成するアルゴリズムに重要な情報が含まれているという思想は, Kontsevich-Zagier の予想にも通じるものがあり, 現在でも通用する大きな問題意識であると思う.

個人的なことで恐縮であるが, 筆者が暗唱することのできる円周率に関する公式は, Leibniz の公式と Euler によって証明された $\zeta(2) = \frac{\pi^2}{6}$ の二つだけである. この意味で, これら二つの公式が円周率に関する単純で美しい公式の双璧であると思っている. π^2 ではなく, π そのものの表示に限れば, Leibniz の公式を最も単純な公式として認める人も多いのではないかと想像している.

ここで Leibniz 自身による Leibniz の公式の証明 (を少し書き換えたもの) を見てみよう. 実は Leibniz 自身の証明でも上の (現代的な) 証明と同様に $\frac{1}{1+x^2}$ の無限級数展開とその項別積分を実質的に使っている. しかしその議論は arctan 1 の計算に使われるのではなく, まわりくどい議論の中に埋め込まれている. Leibniz の方針は, 半径 1 の円の 90 度の弧と弦に囲まれた部分の面積 ($\frac{\pi}{4} - \frac{1}{2}$) を微小な三角形の和として計算するというものである (図 3.1). これは Cavalieri の原理として知られていたものに似ているが, Cavalieri の原理は, 図形を平行線によって細い長方形に分割する一方, Leibniz は三角形に分割することで, より変換の自由度を得ている. 方針としては 90 度の円の弧と弦で挟まれた弓状領域 (図 3.1) の面積を, 微小な三角形の和に分割し, 微小な三角形を面積を保ったまま変形することで別の積分に帰着するというものである.

記号の設定をする. 図 3.2 の OAB は O を中心とする半径 1 の円の一部で, $\angle AOB = \frac{\pi}{2}$ である. P を弧 AB 上の点, $\angle POA = \theta$ とする. 点 A および P での円の接線を描き, その交点を Q とし, 点 P から直線 AO へ下ろした垂線の足を R, A から直線 PQ へ下ろした垂線の足を S, Q から PR に下ろした垂線の

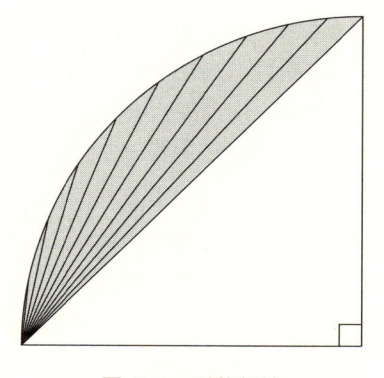

図 3.1 弓状領域

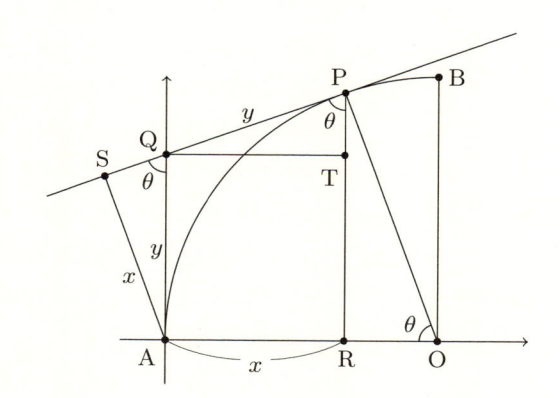

図 3.2 Leibniz の公式の証明

足を T とする．辺の長さを $|AR| = x$, $|AQ| = y$ と置く．明らかに $|PQ| = y$ である．$|QT| = |AR| = x$ より

$$\begin{aligned} x &= 1 - \cos\theta \\ &= y\sin\theta \end{aligned} \tag{3.2}$$

を得る．これから θ を消去すると

$$x = \frac{2y^2}{1+y^2} \tag{3.3}$$

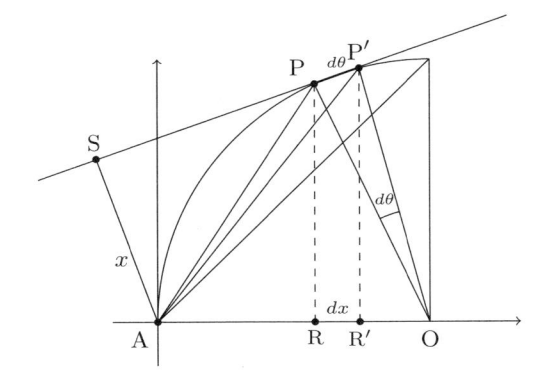

図 **3.3** 微小三角形 △APP′

という関係を得る. また, ∠AQS = ∠QPT = θ より, △AQS ≡ △QPT となり, |AS| = x を得る.

ここで微小な円弧 PP′ をとり, ∠POP′ = dθ とする (図 3.3). このとき

$$d\theta : dx = y : x$$

より,

$$d\theta = \frac{y}{x}dx \tag{3.4}$$

が得られる. これを使うと, △APP′ の面積は

$$|\triangle \text{APP}'| = \frac{1}{2}xd\theta \\ = \frac{1}{2}ydx. \tag{3.5}$$

と表される. これらを足し合わせることにより, 次を得る (図 3.4).

$$\frac{\pi}{4} - \frac{1}{2} = \frac{1}{2}\int_0^1 ydx \tag{3.6}$$

で与えられる. 次に右辺の積分を書き直す. グラフの形から,

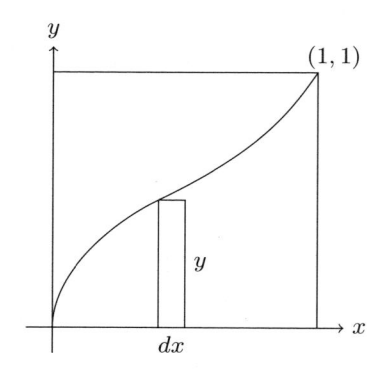

図 3.4 $x = \frac{2y^2}{1+y^2}$ のグラフ

$$\int_0^1 y\,dx = \\ = \quad - \\ = 1 - \int_0^1 x\,dy \tag{3.7}$$

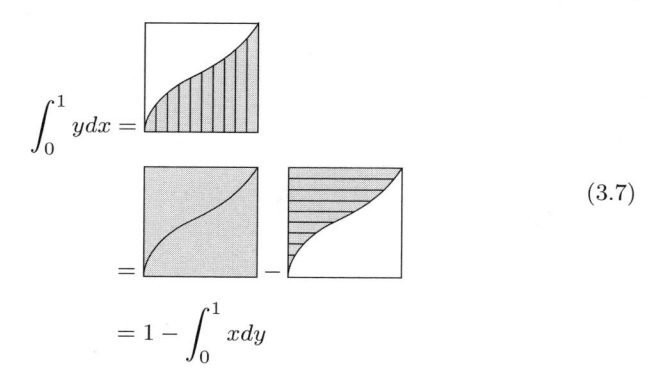

を得る．ここで x の y による無限級数展開

$$x = \frac{2y^2}{1+y^2} = 2\left(y^2 - y^4 + y^6 - y^8 + \cdots\right) \tag{3.8}$$

代入すると，

$$\int_0^1 x\,dy = 2\left(\frac{1}{3} - \frac{1}{5} + \frac{1}{7} - \frac{1}{9} + \cdots\right) \tag{3.9}$$

を得る．これと (3.6), (3.7) を使って，

$$\frac{\pi}{4} - \frac{1}{2} = \frac{1}{2}\left(1 - 2\left(\frac{1}{3} - \frac{1}{5} + \frac{1}{7} - \frac{1}{9} + \cdots\right)\right) \tag{3.10}$$

となり，これを整理すると Leibniz の公式 (3.1) を得る．

この証明は，本セクションの最初で紹介したよく知られている証明よりかな

りややこしい．しかし積分が持つ性質を巧みに使った独創的な証明であると思う．特に筆者が面白いと思うのは，無限小三角形の面積を別の関数の積分に変換する公式 (3.4) である．図形を無限小に分割して得られる自由度が十分に使われているよう感じられ，無限小解析の有用性，将来の多様な応用を予感させるものがある．

Leibniz のパリ時代の最大の成果は無限小解析 (微分積分) を Newton と独立に確立したことであろう．時期としては円の算術的求積の二年後，1675 年に現在まで使われる記号法といわゆる微分積分学の基本定理 (微分と積分が逆演算であることの認識) が得られた．特に, Leibniz の記号法の発明は決定的に重要で，たとえば合成関数の微分が

$$\frac{dz}{dx} = \frac{dz}{dy} \cdot \frac{dy}{dx} \qquad (3.11)$$

のように，普通の算数での約分と同じ規則に従う等，直感的に使いやすいものであり，現在まで使い続けられている．このような使いやすい，より優れた記号を選び出す能力は, Leibniz の生涯の夢「普遍記号論」とも無関係ではなかったであろう．

Leibniz はパリでの実りの多い研究生活 ([41]) を続けることを望んだが，アカデミーでのポストを得るのに失敗し，ハノーファー公 Johann Friedrich の誘いを断れずに最終的 1676 年 10 月にパリを去り，残りの生涯をすごすことになるハノーファーに赴任することになる．

3.3 普遍記号論

Leibniz は膨大な分野に手を出していたが，彼が生涯持ち続けていた目標は，若いころに思いついた「普遍記号論」であったといわれている．素朴だが射程の長いアイデアであった．

> 何らかの人間の思想のアルファベットを案出することができ，そのアルファベットの文字の結合とその文字からできている言葉の分析によって，全てのことを発見し判断することができる，という考えである．(「普遍的記号法−その起源と価値」[56, p. 282])

我々は数十個の記号 (文字) を組み合わせることであらゆることを文章として書く. 具体的なことから抽象的なことまであらゆることが文章を通して人に伝えられる. しかしもちろん文字はランダムに並んでいるわけではない. ランダムに並んだ文字列からは何の意味も汲み取れないが, 意味を持った文字列は「文法」という規則に則って並んでいる. その規則が十分に明瞭であれば, 与えられた文字列が規則に則っているか, をチェックすることも可能であろうし, たとえば「100 文字以内の規則に則った文字列」を全て列挙することも (時間がかかることを厭わなければ) 可能であろう (たとえば 100 文字以内の文字列を全て列挙して, その後, 一つずつ「文法」に則っているかチェックしていけばよい). Leibniz の考えは, 文章ではなく, 人間の抽象的な思考そのものに対して, このようなことが可能ではないか? というものであった. つまり, 少数の基本的な概念を表す文字を設定し, その文字を並べることで新しい概念や真理を表現し, その文字列を統制する「文法」を明らかにすることができれば, 与えられた文字列が規則に則っているかどうかをチェックすることができるようになるだろう. その言語をマスターした暁には, 我々が母国語に対してはそれが簡単にできるように, 口から出てくる言葉 (文法に則った文字列) は全て真理に間違いなく, またあらゆる文章 (文字列) を見たり聞いたりした瞬間に真偽が判定できるようになるかもしれない. エーコ [26, 14 章] によると, Leibniz のこの方向の活動は次の 4(または 5) 点に集約できる [2].

(1) 原始的概念を表すアルファベットの探求, そのための百科事典の編纂.
(2) 文法.
(3) 発音規則.
(4) 既知の命題から未知の真なる命題を機械的に生成する方法.
(4') 与えられた命題の真偽を機械的にチェックする方法.

上記 (1) の百科事典の編纂を実行するためには, パリやロンドンのような知識人のコミュニティーが不可欠であると Leibniz は考えていた. ハノーファー

---

[2] (4) と (4') の違いは微妙に見えるかもしれない. 実際 Leibniz について書かれた多くの文書ではあまり区別されていないように思われる. ここでは数学的な理由から (4) と (4') の二つに区別しておく.

に赴任して最初の数年間, ハルツ鉱山の事業に取り組むことになる. Leibniz の
もくろみとしては, 彼が考案した風車を使った地下からの水の汲み取り設備を設
置することで, 収益を増やし, そこで得られた利益をアカデミーの資金にすると
いうものであった. Leibniz にとっては, 元手に自己資金も投入した一大勝負で
あったが, 結果はうまくいかない散々なものであった.

　(2) や (3) に関しては, 宣教師がもたらす情報を通して, 中国文化や中国語に
興味を持っていたようである. 確かにヨーロッパ人から見たら,「漢字」は「文
字が概念を表す」文字体系であっただろう. Leibniz が考案した 2 進法による数
の表示が, 既に中国の易で何千年も前から使われていたことも, 彼を中国に興味
を抱かせた理由であった.

　ちなみに「普遍的な言語の探求」というテーマで上の (1)〜(3) に取り組むこ
とについては, Leibniz の独創と言うわけではない.「元々世界の言語は一つで,
人間が天まで届くバベルの塔を作ろうとしたことを神が罰するために, 言語がバ
ラバラになった」という旧約聖書の物語に基づく言語観から,「バベルの塔以前
の言語の探求」はヨーロッパでは伝統的なものであった ([26]). Leibniz に帰さ
れる独創的なアイデアは (4)(および (4')) である. Leibniz はある手紙の中で次
のように述べている.

> (自分に暇か有能な助手の助けがあれば) 全ての理性的真理を一種の計算
> に還元することができるような普遍形相学を打ち立てたいという望みを
> 未だに抱いている. これは一種の言語ないし普遍的記法となるはずだが,
> 記号や文字が理性を導くものであり, 誤りが起こるとしても (事実の誤り
> を除けば) 計算上の誤りにすぎないという点で, 従来企てられたこの種の
> 言語のいずれともまったく異なるものである. ([1, p. 465])

Leibniz はまた, その言語を哲学や宗教的な真理の探究にも応用できるはずだ
と考えていた. 我々が母国語の文章の「文法的な正しさ」を瞬時に判定できる
ように, またいくらでも「正しい文章を生成できる」ように, 正しい命題を自由
自在に生み出せたら素晴らしいことである. そこまでスラスラできなくとも, 根
気さえあればそれにあてはめることで命題の真偽が判定できる「文法規則」や,
新しい真なる命題を生み出す生成規則があればそれだけでも知的活動の助けに

なるかもしれない．数学の一部だけに限ってでもそれができたとしたら，素晴らしいことである．

この Leibniz のアイデアは，長年にわたり，数学，論理学や人工知能に影響を与え続けた．現在でも形を変えて探求は続いているように思える．最近 V. Voevodsky[3] が，高次の圏論の研究を進める中で，(自身や他の研究者が) 誤った論文を発表してしまったことを省みて，これまでの基礎付けとは別の数学の基礎付けを模索することを提唱している [81]．Voevodsky の問題意識は，まともに証明を書き下すと恐ろしく長く複雑になって，誰もチェックしない (できない) という現状に対して，せめて証明の『正しさ』だけでも「コンピューターを使った計算でチェック」しようとの考えである．上で引用した Leibniz の言葉と共鳴するものを感じるのは筆者だけではないと信じている．

Leibniz の長年の努力にも関わらず普遍記号計画を実行できなかったのには二つの理由がある (以下は [24] に基づく)．第一の理由は Leibniz の時代の論理学が未熟で，数学に限っても十分に扱うことができなかったことである．第二に，論理学が十分発達して分かったことで，いくつかの公理と推論規則をあてはめて真なる命題を作っていく形式体系において，与えられた命題の真偽を判定するアルゴリズムは一般には存在しないことが証明されたことである．以下でもう少し詳しく述べよう．

まず，Leibniz の時代の論理学は，数学に現れる論証を形式化[4]できるほど精密ではなかった．論理学は Aristoteles 以来 2000 年の伝統を持っていたが，数学を形式化して分析する力を得るには，19 世紀に Frege が現れるのを待たねばならなかった．Frege のなしたことは，量化記号 (Quantifire, 任意の "∀"，ある "∃") を論理の基本的要素として位置づけてその機能を詳しく分析したことである．次の四つの文章を見てみよう．(以下の例は [45] の第一章にあるものである．詳しい分析は [45] を見てほしい.)

(A) 太郎が花子をねたんでいる．

---

[3] 2002 年フィールズ賞受賞．
[4] 本書で筆者が「形式化」という言葉で想定しているのは，集合論の ZFC 公理系 (Zermelo-Frenkel 公理系に選択公理を足したもの) の一階述語論理による数学の記述のことである．

(B) 花子が太郎からねたまれている.
(C) 誰もが誰かをねたんでいる.
(D) 誰かが誰もからねたまれている.

(A) と (B) が同じこと表していることは明らかであろう. 一方 (C) と (D) は注意深く考えてみると同じではないことも分かってもらえるだろう. というのも, (C) では「ねたまれている人」は一人とは限らないが, (D) では「ねたまれている人」はただ一人である. 問題は, 文の構造を見るかぎり, (A)$\iff$(B) と (C)$\iff$(D) は両方とも

$$X が Y をねたんでいる \iff Y が X からねたまれている \qquad (3.12)$$

という変換関係にあることである. (A) は意味を変えずに (B) に変換できるにもかかわらず, (C) を同様に変換して得られる (D) は違った意味になるのはなぜか? 現代の我々からすれば, 上の式 (3.12) の X や Y において量化記号 (「誰もが」「誰かが」) が原因であることはすぐ分かる. まず (C) と (D) を次のように書き直してみよう.

(C') $\forall x, \exists y$ (x が y をねたんでいる).
(D') $\exists y, \forall x$ (y が x からねたまれている).

ここで (3.12) を (C') に適用してみると

(C'') $\forall x, \exists y$ (y が x からねたまれている).

を得る. (C), (C') および (C'') は同じ内容を表している. (C'') と (D') はかなり似ているが決定的に違う点がある. それは量化記号 $\forall$ と $\exists$ の順番である. このように量化記号を論理の構成要素とみなすことで, (C) と (D) の違い (量化記号の順序の違い) を明確にとらえることができるのだが, Leibniz の時代 (Frege 以前) の論理学では多くの例外規則を導入することでしか扱えなかった. 量化記号なしでは, 特定の記号列で, 全ての数学的な論証を書き下すなどと言うのは到底無理な話に思える [5].

---

[5] ここで述べたいのは, ($\forall \exists$ を含まない) 命題論理だけでは数学を形式化するのには不十分であるということである. 一階述語論理だけが数学を形式化できる唯一の論理体系というわけではない.

上で見たように，Leibniz の時代は論理学が未発達であったため，数学を形式化して，特定の公理と推論規則からの論証の集まりとして数学を分析することは不可能であった．Frege の一階述語論理を使って数学の形式化が 20 世紀の初頭に完成した後，Leibniz の普遍記号論に関して分かったことは次の二点である．

- 与えられた公理から出発して，推論規則をあてはめて得られる「真なる命題」を順番に全て列挙することは可能である．(もちろん全てを列挙するには無限の時間がかかる.)
- 与えられた公理がある種の条件を満たすとき，証明も反証もできない命題が存在する (Gödel の不完全性定理).

不完全性定理から，一般に与えられた命題が公理から証明可能かどうか (真か偽か) を判定するアルゴリズムが存在しないことが分かる．ある意味で (以前述べたリストの) (4) は可能で (4') は不可能であることが結論付けられる．

Leibniz は生涯にわたって「普遍記号論」に関心を持ち続けていた．1716 年に亡くなるまでの 40 年にわたる Leibniz のハノーファー時代は，3 代のハノーファー公に仕え，その幅広い活動は多様を極める．全体像はとても筆者の描ける所ではないので，全貌に興味がある読者には [1] をすすめる．

3.4 積分の超越性を巡って

Liouville によって超越数の存在が初めて示されたのは 1844 年である．しかし超越数という概念の芽生えは，17 世紀，Leibniz の時代にまでさかのぼる．まず円周率が超越数 (有理数係数の代数方程式の根にならないこと) であるという事実は，1667 年に Gregory が著書の中で証明を試みている．しかしその証明は現在の基準で正しいものではなかった．超越性そのものの意義も当時はなかなか理解されなかったようである．Leibniz と手紙のやり取りをしていたイギリスの王立協会事務局長 Ordenburg は「Leibniz の算術的求積は Gregory の超越性の主張に反する」という誤解をしているし (もちろん，有理数からなる無限級数の極限値が代数的になる保証はなにもないので，なにも矛盾していない)，パリの Huygens は π の代数性を信じていたようである ([54, p. 290, 解説])．「超越的」

という言葉を数学の中で使い始めたのは Leibniz であるとされているが, その彼も「超越的」という言葉の使い方は一貫していないように見える ([54, p. 289])[6]

しかし彼が現代的な意味, つまり (関数や数が)「代数的ではない」という意味での「超越性」を意識していた (時期もある) ことは間違いない. そのことは何箇所かで触れられているが, 筆者に印象的なのは,「冪と微分の比較における代数計算と無限小計算の注目すべき対応, および超越的同次の法則 (1710)」([55, p.229]) の導入にある以下の部分である.

> いかなる量であってもその冪を見出すことが容易であるように, いかなる変量であってもその微分, すなわち要素を, 私たちは確かな規則に従って見出すことができる. しかし反対に, 開方 (extractio) によって冪から根へ戻ること, 積分によって微分から項に戻ることは常に可能なわけではない. そして有理数内で要求されている開方が不可能であることから無理量が生じるように, 代数的量内で要求されている積分を行うことが不可能であることから超越的量が生じる.

この論文は, Leibniz がいわゆる微分の Leibniz 則

$$(fg)^{(n)} = \sum_{k=0}^{n} \binom{n}{k} f^{(k)} g^{(n-k)}$$

を発表した論文である. Leibniz は数と関数の類似性, 特に冪乗と微分の間に

- 数 a に対して, 冪乗 a^n は簡単に計算できるが, 冪根 $\sqrt[n]{a}$ を計算するのは難しい.

---

[6] 一つの原因は, 超越性の対義語である "Quadrable" という単語が, 現代用語では異なるいくつかの意味で使われている事にあるように思える (原義は「四角形化できること, すなわち面積を求められること」). Arnold は [5] では「可積分性 (integrability)」という訳をあてている. アーノルドが訳している範囲では, 確かにそれがピッタリの訳語であると思うが, Leibniz が書いた他のものを読んでみると, 無限級数の極限として明示的求めることが "quadrature" であることもあれば, 有理数や代数的数として値を確定させることが "quadrature" と呼ばれることもある. 「quadrature = きっちり求めること」くらいの意味でつかわれているように筆者には思える.

- 関数 $f(x)$ に対して, 微分 $f'(x)$ は簡単に計算できるが, 積分 $\int f(x)dx$ を見出すことは難しい.

という類似性があることに注目しているのである. 関数の積の微分が数の二項展開と類似性を持つことを明らかにすることが論文の趣旨である.

このように Leibniz は冪根が無理数を生み出したように, 微分の逆演算である積分が超越性の源泉となり得ることをはっきりと認識していた. ただしここで論じられているのは, 関数の超越性に関してである. この事実, すなわち代数関数の積分が一般に超越関数となること (代数関数ではないこと) に対する証明は Newton のプリンキピア「補助定理 28」(後述) で与えられている.

Arnold([5, 82]) によると『周期は一般に超越数であろう』という問題意識は, 1691 年 4 月の Leibniz から Huygens への手紙にさかのぼる. そこでは, Newton のプリンキピアの「補助定理 28」の証明の妥当性について論じたあと, 数と関数の類似性にもかかわらず数の超越性は今の所証明がないということが指摘されている. 以下では [5] に基づいて, プリンキピア「補助定理 28」の証明を紹介しよう. Arnold が絶賛しているように, 今見ても鮮やかな証明で, 積分が超越性を生み出すまさにその瞬間をとらえているようである. 以下, Newton の証明 (Arnold による現代的な翻訳) をみて, それに対する Leibniz と Huygens のやり取りを紹介しよう.

まず閉曲線 C を一つ固定する. そして直線 L に対して C と L で囲まれた部分の面積 $S = S(L)$ を L の関数とみなしたときに, $S(L)$ は直線 L にどのように依存するか? というのが問題を考える. より具体的には, 代数的な閉曲線, つまり多項式 $f(x,y) \in \mathbb{R}[x,y]$ を使って定義される閉曲線 $C := \{(x,y) \in \mathbb{R}^2 \mid f(x,y) = 0\}$ を考える. C は凸で, 原点 $(0,0)$ を内部に含んでいると仮定する. $a, b, c \in \mathbb{R}$ として, 直線 $L = \{(x,y) \in \mathbb{R}^2 \mid ax + by + c = 0\}$ を考える. C の内部で L で切り取られる部分 (正確には, C の内部と $ax + by + c > 0$ の表す半平面の共通部分) の面積を $S = S(a,b,c)$ と置く (図 3.5).

面積 $S(a,b,c)$ がパラメータ a, b, c を使ってたとえば有理関数の形で簡単に表せたら良いのだが, もしそうでない場合にはたとえば多項式 $F(a,b,c)$ の平方根 $\sqrt{F(a,b,c)}$ のように表せないかを問うのは自然であろう. そのような関数のクラスとして「代数関数」が導入される.

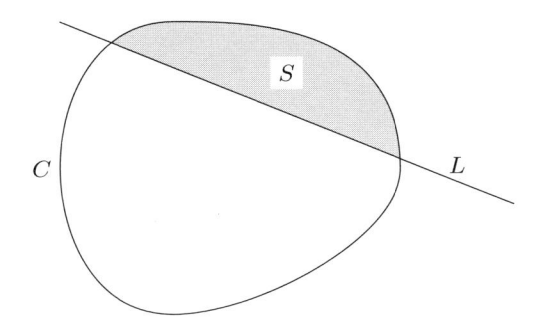

図 **3.5**　閉曲線 C と直線 L に囲まれた部分の面積 S

定義 3.1　$S = S(a, b, c)$ が a, b, c に関する**代数関数**であるとは, 自然数 $n \in \mathbb{N}$ と多項式 $A_i = A_i(a, b, c) \in \mathbb{R}[a, b, c]$ $(i = 0, \cdots, n)$ が存在して, 恒等的に

$$A_0 S^n + A_1 S^{n-1} + \cdots + A_{n-1} S + A_n = 0$$

が成り立つことである.

言い換えると, $S(a, b, c)$ は a, b, c の多項式や有理関数としては表示できないかもしれないが, a, b, c から決まる多項式の根であることを意味している. 有理関数ほど分かりやすい関数ではないが, その値が「方程式を解くことによって求められる」という意味では, 比較的扱いやすい関数である.

さて, 直線に切り取られた部分の面積 $S(a, b, c)$ は代数関数になれるだろうか? たとえば円の方程式 $x^2 + y^2 = 1$ を考える. 原点から直線までの距離を t とすると, $\theta = \cos^{-1} t$ を使って, $S = \theta - t\sqrt{1 - t^2}$ と表され (図 3.6), 面積は逆三角関数を使うことになるので, 代数関数であるという望みはなさそうである (このことは後にはっきり証明される). Newton は閉曲線に対して, 直線で切り取られる部分の面積 $S(a, b, c)$ は一般には代数関数ではないことを主張した.

プリンキピア 補助定理 28 ([21, p. 125])　勝手な直線によって切り取られた曲線図形 (oval figure) の面積が有限な項と次数を持つ任意個数の方程式によって一般に見出されうるような, そういう曲線図形は存在しない.

すぐ見るように, 実はこのままでは正しくないのだが (そのことは Leibniz と

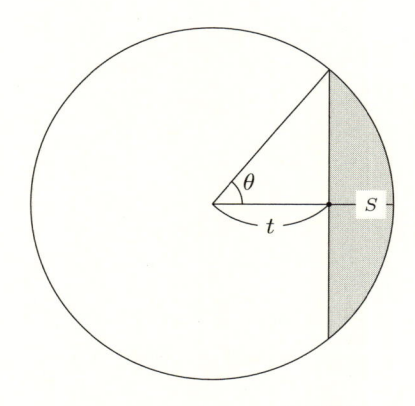

図 3.6　$S = \theta - t\sqrt{1-t^2}$

Huygens の手紙での話題にもなっている), 少し修正をすれば正しい主張となる. Newton が実際にはなにを証明したのかということについては, 後で Arnold の解説に従って述べる.

まず注意しておきたいことは, (驚くべきことに) 閉曲線によっては面積が代数関数となる場合もあることである.

例 3.1　C を $y^2 = x^2 - x^3$ で定義される曲線とする (図 3.7). この曲線は,

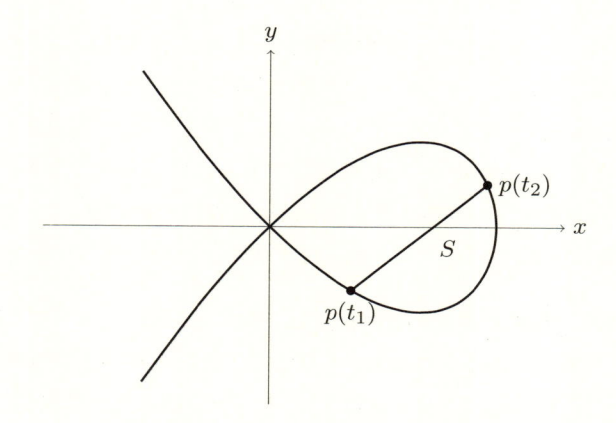

図 3.7　Nodal curve $y^2 = x^2 - x^3$

$$p(t) = (1-t^2, t-t^3)$$

というパラメータ表示を持つことに注意する．パラメータの範囲 $-1 \leq t \leq 1$ で原点の右側の閉曲線を表している．曲線 C 上の二点 $p(t_1), p(t_2)$ を通る線分で切り取られた部分の面積 $S(t_1, t_2)$ は，t_1, t_2 の多項式として表すことができる．実際，t_1 を固定し，S を t_2 の関数とみなすと，$p(t)$ は t に滑らかに依存するので，

$$\begin{aligned}\frac{d}{dt_2}S(t_1,t_2) &= \lim_{h \to 0} \frac{|\triangle p(t_1)p(t_2)p(t_2+h)|}{h} \\ &= \lim_{h \to 0} \frac{1}{h} \cdot \det \begin{pmatrix} 1 & 1-t_1^2 & t_1-t_1^3 \\ 1 & 1-t_2^2 & t_2-t_2^3 \\ 1 & 1-(t_2+h)^2 & (t_2+h)-(t_2+h)^3 \end{pmatrix} \\ &= \det \begin{pmatrix} 1 & 1-t_1^2 & t_1-t_1^3 \\ 1 & 1-t_2^2 & t_2-t_2^3 \\ 0 & -2t_2 & 1-3t_2 \end{pmatrix}\end{aligned}$$

最後の式は t_1, t_2 に関する多項式で，t_2 に関して不定積分をして，初期条件 $S(t_1, t_1) = 0$ を使って積分定数を調節すれば，$S(t_1, t_2)$ の多項式表示が得られる．t_1, t_2 は曲線と直線の交点のパラメータなので，直線を表す式の係数に関する代数関数である．よって面積 S も代数関数である．

このように閉曲線と直線で切り取られる部分の面積は，代数的な表示を持つ場合もあれば持たない場合もある．このようにプリンキピアの補助定理 28 はそのままでは正しくない．では Newton は一体何を証明したのだろうか？ Arnold が Newton の証明のアイデアから見出した結果は，代数性と閉曲線の特異点が関係しているという驚くべき事実である．

定理 3.2 [5, p.87] $S(a, b, c)$ が代数関数であれば，曲線 C 上には特異点が存在する．

証明 閉曲線 C は特異点を持たないと仮定する．さらに直線によって切り取られる部分の面積 S が代数関数であったと仮定しよう．ここでは (今までとは少し設定を変えて) 原点 O を曲線 C の内部にとり，x 軸とベクトル (a, b) から定

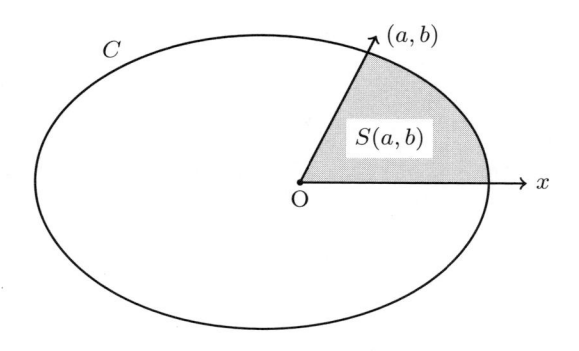

図 **3.8** 定理 3.2

まる半直線によって決まる部分の面積を $S(a,b)$ とする (図 3.8). ここでベクトル (a,b) を原点 O のまわりを一周させることを考える. 連続的に面積が増えていくことを考えると, 一周した後には, $S(a,b)$ は C の内部の面積 S_0 だけ増えることが分かる. さらに k 周した後には, kS_0 だけ増えることが分かる. このことは関数 $S(a,b)$ が無限に多価な関数であることを意味している. 一方, $S(a,b)$ が代数関数であると仮定しよう. 仮定から a,b に関する多項式 $A_i = A_i(a,b)$ が存在して

$$A_0 S(a,b)^n + A_1 S(a,b)^{n-1} + \cdots + A_n = 0$$

を満たす. 与えられた a,b に対してこの方程式の根は高々 n 個なので, $S(a,b)$ は無限に多価な関数となることはできない. 矛盾である. よって $S(a,b)$ は代数関数ではない. □

ちなみに特異点がある場合はこの証明が使えないことを注意しておく. というのも, C が特異点を持つ場合 (たとえば例 3.1) は, ベクトル (a,b) が特異点を通過するごとに新しい代数関数に乗り移ることができるのである. そのため, 一周するごとに $S(a,b)$ は別の代数関数として表されることになるのである.

上の定理 3.2 の系として, 楕円軌道を描く惑星の位置を時間の関数として表示しようとすると, 代数関数だけでは不可能であることが分かる. なぜなら, 楕円軌道を描く惑星の運動に関しては, 半径ベクトルが掃く部分の面積は時間に比例するというケプラーの第二法則が成り立ち, 楕円は特異点を持たない滑らかな

曲線だからである．

　プリンキピアが書かれた当時は，上の Arnold の解説のような明快な理解がなされていたわけではなく，その証明が正しいのかどうかという点についても議論が行われていたようである．Huygens は Leibniz への手紙の中で，三角形の場合に Newton の証明を適用したら結論が奇妙ではないか，と指摘して証明に疑問を投げかけている．Huygens の指摘はもっともで，三角形は閉曲線としては特異点を持つので，上で見たように Newton の証明は使えないのである．しかし Leibniz は Newton の証明が "本質的には" 正しいものであると認めていたようで，円や楕円については問題ないと述べている．さらに数と関数の類似性に基づいて，関数の超越性から，特定の定積分の値の超越性を大胆に予想し，次のように書いている．

> 円や楕円に関しては，それらの一般的な積分不可能性が十分証明されていますが，全円周やその定められた部分の積分不可能性のどんな証明も私は見たことがありません [7]. (1691 年 4 月，Leibniz から Huygens への手紙の一部，[5] からの転載)

Leibniz は関数が代数関数でないことのみならず，特定の値，つまり円や楕円の周や弧の一部分の長さや面積そのものが "Quadrable" か，つまり作図や方程式を使って何らかの手法で明示的に表すことができるか，を問題にしているのである．

　第 1 章で見たように，円周率 π の超越性は Lindemann により 19 世紀に示され，20 世紀の超越数論は Leibniz の疑問に答える方向に発展してきた．しかし Leibniz の疑問の全てが解決されたわけではない [82]．それでも数百年という時間は，Leibniz のような天才をしても解決の端緒すら見出せなかった難問を進展

---

[7] 原文は以下である： "Quant au cercle et à l'ellipse, l'impossibilité de leur quadrature generale est assez demonstrée, mais je n'ay pas encor vu qu'on aye donné aucune demonstration pour prouver que le cercle entier, ou quelque portion determinée n'est pas quadrable." 直訳では Leibniz が述べているのは「周期は quadrable でない」ということで，本当に超越性を論じているかどうかは，"quadrature (quadrable)" という単語の意味に依る．手紙で代数関数の積分の非代数性を論じているという文脈から，Arnold の訳のように定積分の値の超越性 (非代数性) を論じているとみなすのが自然であると思う．

させるのに十分な時間であると思うと，周期を巡る Kontsevich-Zagier の予想などもそのうち解かれるかもしれないという希望が持てるというものである．

Kontsevich-Zagier の予想 2.6 は「積分」という記号列を使って，周期の間のあらゆる関係式を論じることができるという主張であり，Leibniz の構想のごく一部を定式化したものであると考えることもできるかもしれない．

(Leibniz の生涯全般については [1] に依って書いた．算術的求積に関しては [38, 39, 41, 54] などを参考にした．Leibniz と Huygens の手紙の原文は [33] からの引用である．数理論理学における Leibniz の位置づけについては，[24] を参考にした．)

第 4 章
明示的代数幾何学

既に代数的数の範囲では 0-認識問題が解けることは第 1 章 (アルゴリズム 1.16, 1.17) でみた. 代数的数を含む自然な数のクラス (たとえば周期 $\mathcal{P}$) で 0-認識問題が解けるかどうかは自然な問題であろう. 周期 $\mathcal{P}$ での 0-認識問題は, 現時点では未解決問題である. しかし Kontsevich-Zagier の予想 2.6 を仮定すると, 周期の 0-認識問題が可解であることが分かる. しかしその導出には, 第 1 章よりもはるかに複雑な実代数幾何的な操作が必要となる. 本章では Kontsevich-Zagier の周期予想から周期の 0-認識問題に必要な実代数幾何におけるアルゴリズミックな側面をまとめておく.

4.1 量化記号消去

二つの実数 $b, c \in \mathbb{R}$ に対して定まる論理式

$$P(b,c) \equiv \exists x \in \mathbb{R}(x^2 + bx + c = 0), \tag{4.1}$$

を考えよう. 日本語で書くと, 論理式 $P(b,c)$ は, 「$x^2 + bx + c = 0$ を満たすある実数 x が存在する」という主張をしている. もちろんこれは b, c に依存して正しかったり, 正しくなかったりする. 数学を何も知らないとして, 日本語の意味だけを頼りにこの論理式の真偽を確かめるにはどうしたらよいだろうか? それはひたすら $x^2 + bx + c$ を計算し,

$$1^2 + b \times 1 + c, 2^2 + b \times 2 + c, 3^2 + b \times 3 + c, \cdots$$

いつか値が 0 になることを期待するという方針であろう. 運よく値が 0 になるような x が見つかれば, $P(b,c)$ が正しいと結論することができる.

しかし我々は学校で二次方程式の判別式という便利な道具を習っている. 再

び $b, c \in \mathbb{R}$ に対して定まる論理式

$$P'(b,c) \equiv b^2 - 4c \geq 0 \tag{4.2}$$

を考えよう．これもまた b, c に依って正しかったり正しくなかったりする．しかし素晴らしいことに，二次方程式 $x^2 + bx + c = 0$ の解が存在するための必要十分条件が $b^2 - 4c \geq 0$ であることを我々は知っている．これは二つの論理式の間に，(任意の $b, c \in \mathbb{R}$ に対して)

$$P(b,c) \iff P'(b,c) \tag{4.3}$$

という同値関係があることを意味している．

この二つの論理式をチェック (真偽の判定) のしやすさという観点からもう一度比べてみよう．$P(b,c) \equiv \exists x \in \mathbb{R}(x^2 + bx + c = 0)$ の方は，そのまま素直に真偽を調べようとすると，運が良ければ真と結論できるかもしれないが，否定をするには無限ステップの計算が必要である (というのも，全ての実数 $x \in \mathbb{R}$ に対して，$x^2 + bx + c \neq 0$ をチェックする必要があるので)．一方，$P'(b,c) \equiv b^2 - 4c \geq 0$ の方は，四則演算と実数の大小の判定だけで十分である．$P'(b,c)$ は $P(b,c)$ に

$$\exists x \in \mathbb{R}(x^2 + bx + c = 0) \longleftrightarrow b^2 - 4c \geq 0$$

(チェックに無限ステップ)　　　　(四則演算でチェック可能)

図 **4.1**　量化記号消去の例

比べて格段に真偽の判定がやさしい論理式といえる．このように**量化記号** ($\forall, \exists$) を含む論理式に対して，それと同値で量化記号を含まない論理式を求めることを**量化記号消去**という．量化記号消去はいつでもできるというわけではないが，**Tarski の量化記号消去定理**により，実閉体上の代数的論理式に対しては，常に量化記号消去可能である．

定義 4.1　(1) 体 R の全順序 $\geq$ が

(i) $a \geq b, c \geq d \Longrightarrow a + c \geq b + d$,

(ii) $a \geq b \Longrightarrow -a \leq -b$,

(iii) $a > 0, b > 0 \Longrightarrow ab > 0$,

を満たすとき, $(R, \geq)$ を順序体という.

(2) 順序体 $(R, \geq)$ がさらに

(iv) $\forall a > 0, \exists b \in R(a = b^2)$,
(v) $f(x) \in R[x]$ が奇数次の多項式のとき, 方程式 $f(x) = 0$ は少なくとも一つ根 $\alpha \in R$ を持つ.

を満たすとき, R は ($(R, \geq)$ は) **実閉体** (real closed field) であるという.

重要なことは, 実数体 $\mathbb{R}$ と代数的な実数の集合 $\mathbb{R}_{\mathrm{alg}}$ が実閉体の例となっていることである. 実閉体の一般論はここでは述べない (参考文献として [14, 13, 57] を挙げておく) が, $\mathbb{R}$ や $\mathbb{R}_{\mathrm{alg}}$ の持つ代数的な性質の多くは, 全ての実閉体に共通のものである. たとえば実閉体 R に対して, その二次拡大 $R(\sqrt{-1})$ は代数的閉体である. 実閉体 R には, 開区間 $(a, b) := \{x \in R \mid a < x < b\}$ を開基とするような位相が入ることに注意しておく.

以下 R を実閉体とする (もっと制限して, $R = \mathbb{R}$ または $\mathbb{R}_{\mathrm{alg}}$ としてもよい). 我々は中学校以来, 多項式の等式や不等式を使って定義される図形をたくさん扱ってきた. 次に述べる半代数的集合は, その一般化である.

定義 4.2 以下で定義される集合 $X \subset R^k$ を**半代数的集合** (semi-algebraic set) と呼ぶ.

(i) 多項式 $P(x_1, \cdots, x_k) \in R[x_1, \cdots, x_k]$ に対して

$$\mathrm{Zero}(P) := \{\boldsymbol{x} \in R^k \mid P(\boldsymbol{x}) = 0\} \subset R^k$$

および

$$\{\boldsymbol{x} \in R^k \mid P(\boldsymbol{x}) > 0\} \subset R^k$$

は半代数的集合である.
(ii) $X_1, X_2 \subset R^k$ が半代数的集合であれば, $X_1 \cup X_2, X_1 \cap X_2, X_1^c := R^k \setminus X_1$ なども半代数的集合である.
(iii) 上の (i), (ii) を繰り返して得られるものだけを半代数的集合と呼ぶ.

つまり, $P=0, P>0$ という形の関係式で定義される R^k の部分集合から出発し, Boole 演算 (和集合 $\cup$, 共通部分 $\cap$, 補集合 $R^k \setminus X$) で生成される集合を半代数的集合と呼ぶのである.

余談だが, 半代数的集合として表される図形のクラスはかなり広いものである. たとえば, 任意のコンパクト C^∞ 級多様体に対して, それと可微分同相な半代数的集合の存在が知られている.

定理 4.3 (Nash, Tognoli, cf. [14]) M をコンパクト C^∞ 級多様体とする. このとき, 自然数 $N>0$ と多項式 $f_1, f_2, \cdots, f_m \in \mathbb{R}[x_1, \cdots, x_N]$ が存在して, M と

$$\mathrm{Zero}(f_1, \cdots, f_m) = \{\boldsymbol{x} \in \mathbb{R}^N \mid f_1(\boldsymbol{x}) = f_2(\boldsymbol{x}) = \cdots = f_m(\boldsymbol{x}) = 0\},$$

が可微分同相となる.

二つの半代数的集合 $S \subset R^k$, $T \subset R^\ell$ の間の写像 $f : S \longrightarrow T$ が**半代数的写像**であるとは, 写像 f のグラフ

$$\{(\boldsymbol{x}, f(\boldsymbol{x})) \in R^k \times R^\ell \mid \boldsymbol{x} \in S\}$$

が $R^{k+\ell}$ の半代数的部分集合になることとする.

例 4.1 R から区間 $I = (-1, 1) = \{y \in R \mid -1 < y < 1\}$ への写像 $f : R \longrightarrow I$ を

$$f(x) = \begin{cases} -1 + \frac{1}{x+1}, & x \geq 0 \\ 1 + \frac{1}{x-1}, & x < 0 \end{cases}$$

で定める (図 4.2). この写像は半代数的な連続写像であり, 逆 $f^{-1} : I \longrightarrow R$ も存在するので, 区間 I と R が半代数的に同相であることを示している.

次に Tarski の量化記号消去定理で扱う論理式のクラスを導入する.

定義 4.4 実閉体 R を係数に持つ, R-**論理式**, および R-論理式の自由変数の集合を次のように定める.

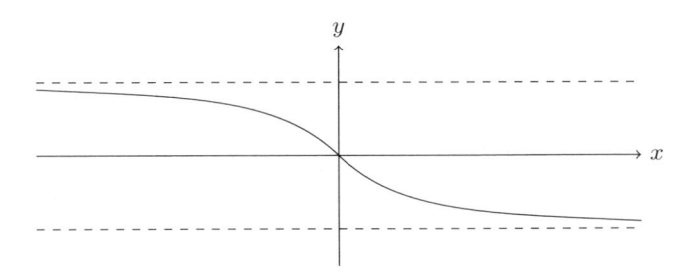

図 **4.2** 半代数的同相写像

(i) $P(x_1,\cdots,x_n) \in R[x_1,\cdots,x_n]$ に対して, $\Phi \equiv (P = 0)$ および $\Phi \equiv (P > 0)$ は R-論理式 (**原始論理式**) であり, $\text{Free}(\Phi) \subset \{x_1,\cdots,x_n\}$ を多項式 P に現れる自由変数の集合とする [1].

(ii) Φ_1, Φ_2 が R-論理式のとき, $\Phi_1 \wedge \Phi_2, \Phi_1 \vee \Phi_2, \neg\Phi$ も R-論理式である. また, 自由変数の集合は $\text{Free}(\Phi_1 \wedge \Phi_2) = \text{Free}(\Phi_1 \vee \Phi_2) = \text{Free}(\Phi_1) \cup \text{Free}(\Phi_2)$, $\text{Free}(\neg\Phi_1) = \text{Free}(\Phi_1)$ で定める.

(iii) Φ が R-論理式で, $x \in \text{Free}(\Phi)$ のとき, $\forall x \Phi, \exists x \Phi$, も R-論理式である. 自由変数は $\text{Free}(\forall x \Phi) = \text{Free}(\exists x \Phi) = \text{Free}(\Phi) \setminus \{x\}$.

(iv) 以上の (i), (ii), (iii) を有限回繰り返して得られるものだけを R-論理式という.

二つの R-論理式 Φ, Ψ に対して, $(\neg\Phi) \vee \Psi$ を簡単のために $\Phi \to \Psi$ と表すことにする.

R-論理式 Φ で, $\text{Free}(\Phi) = \emptyset$ となるものを**文**という. たとえば

$$\Psi_1 \equiv \forall x \exists y (x^2 - 1 = y^2) \tag{4.4}$$

は文であるが,

$$\Psi_2 \equiv \forall x \exists y (x^2 - z = y^2) \tag{4.5}$$

は文ではない ($\text{Free}(\Psi_2) = \{z\}$).

R-論理式はただの記号列であるが, $\Phi_1 \wedge \Phi_2$ を「Φ_1 かつ Φ_2」, $\Phi_1 \vee \Phi_2$ を「Φ_1

---

[1] たとえば $P(x_1, x_2) = x_1(x_1 - x_2) + x_1 x_2$ の変数の集合は $\text{Free}(P) = \{x_1\}$ のように, 多項式の同類項はまとめた上で現れる変数の集合を考えることにする.

または Φ_2」, $\neg\Phi$ を「Φ の否定」, また「$\forall x$」や「$\exists x$」を「任意の $x \in R$ に対して」,「$x \in R$ が存在して」と解釈することで, 文の真偽を定めることができる. たとえば上の Ψ_1 は「任意の $x \in R$ に対して, $y \in R$ が存在して, $x^2 - 1 = y^2$ を満たす」という命題であり, 偽である.(たとえば $x = 0$ とすると, 実閉体の定義より $y^2 = -1$ となる $y \in R$ は存在しない.)

R-論理式 Φ が自由変数を持つ場合は, そのままでは真偽が定まらない. しかし自由変数に R の元を代入することで, 文にすることができ, 真偽を定めることができる. Φ を真とするようなパラメータの取り方全体を, R-論理式 Φ の実現と呼ぶ.

定義 4.5 R-論理式 $\Phi = \Phi(x_1, \cdots, x_n)$ ($\mathrm{Free}(\Phi) = \{x_1, \cdots, x_n\}$ とする) に対して, Φ の**実現**を以下で定める.

$$\mathrm{Realiz}(\Phi) := \{(a_1, \cdots, a_n) \in R^n \mid \Phi(a_1, \cdots, a_n) \text{ は真である.}\}$$

例 4.2 上の (4.5) の論理式 $\Psi(z) \equiv \forall x \exists y (x^2 - z = y^2)$ の実現は

$\mathrm{Realiz}(\Psi_2) = \{z \in R \mid$ 任意の $x \in R$ に対して,

$$\text{ある } y \in R \text{ が存在して } x^2 - z = y^2\}$$

$$= \{z \in R \mid z \leq 0\}.$$

もう少し例を見てみる. 多くの数学的な問題が, 上のようなパラメータ付きの R-論理式として表される.

例 4.3 $S \subset R^k$, $T \subset R^\ell$ を半代数的集合として, $f : S \longrightarrow T$ を半代数的写像とする. このとき次の論理式を考える.

$$\Phi(\boldsymbol{x}) \equiv \boldsymbol{x} \in S \land \forall \varepsilon \exists \delta \forall \boldsymbol{y} ((\boldsymbol{y} \in S \land |\boldsymbol{x} - \boldsymbol{y}| < \delta) \to (|f(\boldsymbol{x}) - f(\boldsymbol{y})| < \varepsilon))$$

ただし $\boldsymbol{x} = (x_1, \cdots, x_k)$, $\boldsymbol{y} = (y_1, \cdots, y_k)$, 絶対値はユークリッドノルム $|\boldsymbol{x} - \boldsymbol{y}| = \sqrt{\sum_{i=1}^{k}(x_i - y_i)^2}$ を表す. この R-論理式 $\Phi(\boldsymbol{x})$ は, 写像 $f : S \longrightarrow T$ が $\boldsymbol{x}$ で連続であることを表している. よって, その実現は f が連続となるような点全体の集合となる.

$$\mathrm{Realiz}(\varPhi) = \{\boldsymbol{x} \in S \mid \text{写像 } f: S \longrightarrow T \text{ は } \boldsymbol{x} \in S \text{ で連続 }\}.$$

ついでに上の $\varPhi$ に対して，$\forall \boldsymbol{x} \varPhi(\boldsymbol{x})$ という文を考えると，その解釈は「写像 $f: S \longrightarrow T$ は連続写像である」となる．少し改変すれば，「f は全単射である」とか「f は同相写像である」なども容易に書き下すことができる．

このように半代数的集合や写像に関する多くの命題は，R-論理式として表現することができる．しかしあらゆる問題がこの手の論理式で表現できるわけではない．

例 4.4 $\varPhi(x) \equiv (x \in \mathbb{Z})$ とすると，これは R-論理式ではない．というのも，この論理式の実現は $\mathrm{Realiz}(\varPhi) = \mathbb{Z}$ となるが，後で見るように半代数的集合の連結成分は有限個でなければならないからである．

二つの R-論理式 $\varPhi_1(\boldsymbol{x})$ と $\varPhi_2(\boldsymbol{x})$ が同値であることは，それらの実現が一致すること $\mathrm{Realiz}(\varPhi_1) = \mathrm{Realiz}(\varPhi_2)$ と言い換えられる．

例 4.5
$$\begin{aligned} \varPhi_1(b,c) &\equiv \exists x(x^2 + bx + c < 0) \\ \varPhi_2(b,c) &\equiv (b^2 - 4c > 0) \end{aligned} \tag{4.6}$$

とすると，これらは同値で，その実現は共に図 4.3 となる．

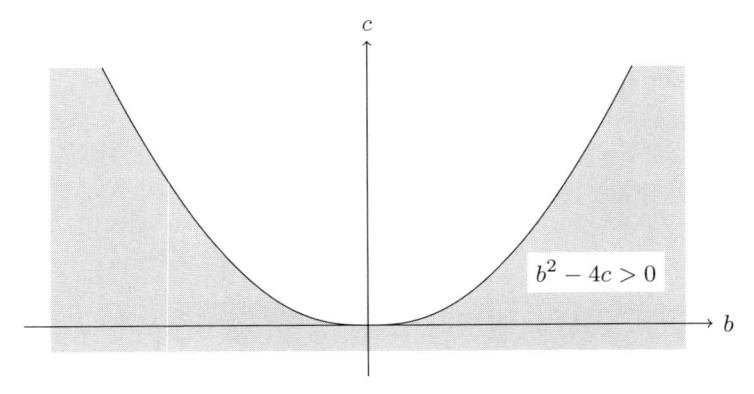

図 4.3 $\mathrm{Realiz}(\varPhi_1) = \mathrm{Realiz}(\varPhi_2)$

次に **Tarski の量化記号消去定理**を紹介する.

定理 4.6 (Tarski の量化記号消去定理)　R-論理式 $\Phi(\boldsymbol{x})$ に対して, 量化記号を含まない R-論理式 $\Psi(\boldsymbol{x})$ が存在して, Φ と Ψ は同値である, すなわち $\mathrm{Realiz}(\Phi) = \mathrm{Realiz}(\Psi)$. また Φ に対して, Ψ を得るアルゴリズムが存在する.

量化記号を含まない R-論理式 Φ の実現 $\mathrm{Realiz}(\Phi)$ は半代数的集合であり, 逆に任意の半代数的集合は, 量化記号を含まない R-論理式の実現だとみなすことができるので, 定理 4.6 は次のように言い換えられる.

定理 4.7　任意の R-論理式 Φ に対して, その実現 $\mathrm{Realiz}(\Phi)$ は半代数的集合である.

論理式において量化記号の使用を許すと, 量化記号を使わないものより論理式のクラスとしては広くなるが, 実現できる集合は変わらないことを主張しているのである.

さて定理 4.7 や 4.6 はどのように証明されるのであろうか? 基本的な方針は, 半代数的集合のクラスが, 射影について閉じていることを主張する次の定理を証明することである.

定理 4.8　$S \subset R^n$ を半代数的集合として,

$$p: R^n \longrightarrow R^{n-1}, \; (x_1, \cdots, x_{n-1}, x_n) \longmapsto (x_1, \cdots, x_{n-1})$$

を射影とする. このとき, 像 $p(S) \subset R^{n-1}$ も半代数的集合である.

まず定理 4.7 $\Longrightarrow$ 定理 4.8 を示そう. 射影 $p(S) \subset R^{n-1}$ は次の論理式で表されることに注意する (図 4.4).

$$\Phi(\boldsymbol{x'}) \equiv \exists x_n ((\boldsymbol{x'}, x_n) \in S). \tag{4.7}$$

ここで定理 4.7 より, Φ は量化記号を含まない論理式と同値になるので, $\Phi(\boldsymbol{x'})$ の実現 $p(S)$ は半代数的集合である.

逆に定理 4.8 $\Longrightarrow$ 定理 4.7 の証明の要点を述べる. 定理 4.8 は量化記号を含まない論理式 $\Phi(\boldsymbol{x'}, x_n)$ に対して, $\exists x_n (\Phi(\boldsymbol{x'}, x_n))$ を考えると, これが量化記号

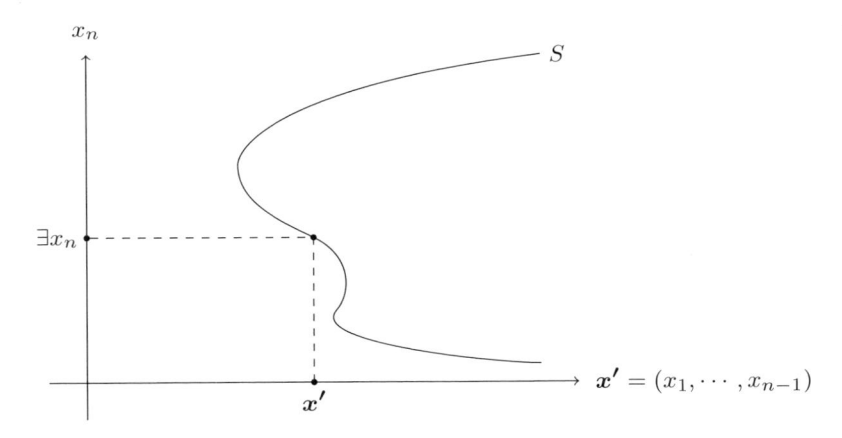

図 **4.4** 射影 $p(S) \subset R^{n-1}$

を含まない論理式 $\Psi(\boldsymbol{x}')$ と同値になることを主張している．量化記号 $\forall$ に対しては，$\forall x_n(\Phi(\boldsymbol{x}', x_n))$ が $\neg \exists x_n(\neg \Phi(\boldsymbol{x}', x_n))$ と同値になることを使って，量化記号を含まない論理式 $\Psi(\boldsymbol{x}')$ を求めることができる．一般に量化記号を含む論理式 $\Phi(\boldsymbol{x})$ に対して，論理式の帰納的な構成 (定義 4.4) に現れる古い量化記号から順番に消していけば，量化記号を含まない論理式が得られる．

以上により，Tarski の量化記号消去定理は，半代数的集合の射影が半代数的であることを主張する定理 4.8 に帰着された．この定理の証明を完全に述べることは大変であるが，次節で紹介する半代数的集合の構造を精密に記述する **CAD** の帰結とみなすのが一つの分かりやすい見方であろう．

4.2 CAD

CAD (Cylindrical Algebraic Decomposition) [2] は半代数的集合を細分することで，柱状な半代数的集合の和や差として表すことである．「柱状な半代数的集合」とは，次元が低い半代数的集合とその上の連続な半代数的関数のグラフを使って表される半代数的集合のことである．この柱状な半代数的集合を使った分解から前節の量化記号消去や特に定理 4.8 が得られる．

---

[2] [4] にならって, 日本語には訳さず「CAD」を使う．

まず多項式系から決まる R^n の分割をみる．

定義 4.9 R を実閉体とする．符号 $\mathrm{sgn}: R \longrightarrow \{-1, 0, +1\}$ を

$$\mathrm{sgn}(x) = \begin{cases} -1, & x < 0 \\ 0, & x = 0 \\ +1, & x > 0 \end{cases} \tag{4.8}$$

で定める．

多項式の有限集合 $\mathcal{F} = \{f_1, \cdots, f_k\} \subset R[x_1, \cdots, x_n]$ が与えられたとする．部分集合 $C \subset R^n$ が **$\mathcal{F}$-不変集合**であるとは，$\mathrm{sgn}(f_i(\boldsymbol{x}))$ が全ての $f_i \in \mathcal{F}$ に対して C 上一定であることとする．$\mathcal{F}$-不変集合は以下のように定式化することもできる．それぞれの多項式の符号から決まる写像

$$\begin{aligned} \sigma_{\mathcal{F}}: \quad R^n &\longrightarrow \{-1, 0, 1\}^k \\ \boldsymbol{x} &\longmapsto (\mathrm{sgn}(f_1(\boldsymbol{x})), \cdots, \mathrm{sgn}(f_k(\boldsymbol{x}))). \end{aligned} \tag{4.9}$$

を考える．このとき，R^n の分割

$$R^n = \prod_{\boldsymbol{\varepsilon}} \sigma_{\mathcal{F}}^{-1}(\boldsymbol{\varepsilon}), \tag{4.10}$$

(ただし，$\boldsymbol{\varepsilon} = (\varepsilon_1, \cdots, \varepsilon_k)$ は k 個の符号の組の集合 $\{-1, 0, +1\}^k$ を走る) が得られる．部分集合 $C \subset R^n$ が $\mathcal{F}$-不変であるとは，ある符号 $\boldsymbol{\varepsilon}$ があって，$C \subset \sigma_{\mathcal{F}}^{-1}(\boldsymbol{\varepsilon})$ となることと同値である．

例 4.6 $n = 1$ として，$\mathcal{F} = \{f(x) = x^3 - x\}$ とする．このとき，$\mathcal{F}$ による R の符号分割として

$$\sigma_{\mathcal{F}}^{-1}(+1) = (-1, 0) \sqcup (1, +\infty)$$

$$\sigma_{\mathcal{F}}^{-1}(-1) = (-\infty, -1) \sqcup (0, 1)$$

$$\sigma_{\mathcal{F}}^{-1}(0) = \{-1, 0, 1\}$$

を得る (図 4.5)．

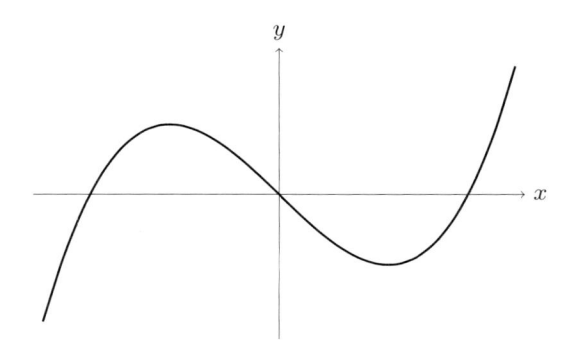

図 4.5 $\mathcal{F} = \{x^3 - x\}$

定義 4.10 $S \subset R^n$ を半代数的集合とする. S の分割 $S = \bigsqcup_{\alpha=1}^{p} S_\alpha$ が**半代数的セル分割**であるとは,

(i) S_α は弧状連結な半代数的集合で, ある非負整数 $d_\alpha \in \mathbb{Z}_{\geq 0}$ があって, R^{d_α} と (半代数的に) 同相である. S_α を**セル**と呼ぶ.

(ii) S_α の閉包は分割に現れるいくつかのセルたちの和集合となる.

さらに, 多項式の有限集合 $\mathcal{F} \subset R[x_1, \cdots, x_n]$ に対して, 半代数的セル分割 $S = \bigsqcup_{\alpha=1}^{p} S_\alpha$ が $\mathcal{F}$-不変であるとは, 各セル S_α が $\mathcal{F}$-不変であることとする.

ようやく CAD を定義する.

定義 4.11 R^n の **CAD** (Cylindrical Algebraic Decomposition) とは, 以下のデータの総称である:

- $1 \leq i \leq n$ に対して, R^i の半代数的細胞分割 $R^i = \bigsqcup_{S \in \mathcal{S}_i} S$.
- $S \in \mathcal{S}_i$ 上の半代数的連続関数 $\xi_{S,1}, \xi_{S,2}, \cdots, \xi_{S,\ell_S} : S \longrightarrow R$ で

$$\xi_{S,1} < \xi_{S,2} < \cdots < \xi_{S,\ell_S}$$

を満たすものがあり, $S \times R$ の部分集合

  – $\{(\boldsymbol{x}', x_{i+1}) \in S \times R \mid x_{i+1} = \xi_{S,j}(\boldsymbol{x}')\}, (j = 1, \cdots, \ell_S).$

図4.6のような図で、横軸が $(x_1, \cdots, x_i)$、縦軸が x_{i+1}、S_1, S_2, S_3 の区分と、$\xi_{S_2,j} < x_{i+1} < \xi_{S_2,j+1}$ の領域が示されている。

- $\{(\boldsymbol{x}', x_{i+1}) \in S \times R \mid \xi_{S,j}(\boldsymbol{x}') < x_{i+1} < \xi_{S,j+1}(\boldsymbol{x}')\}, (j = 0, 1, \cdots, \ell_S,$ ただし, $\xi_{S,0} = -\infty, \xi_{S,\ell_S+1} = +\infty$ とする$).$

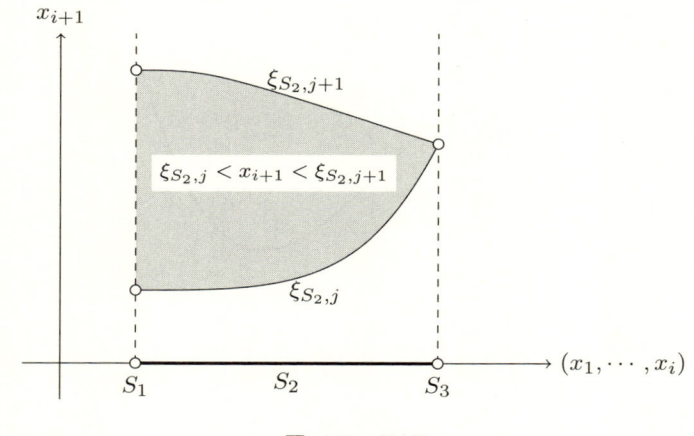

は全て $\mathcal{S}_{i+1}$ の要素である (図 4.6).

- $S \in \mathcal{S}_1$ は一点または R の開区間.

定義から CAD の名前 (Cylindrical Algebraic Decomposition) の由来は明らかであろう. R^i の分割 $\mathcal{S}_i$ の要素 $S \in \mathcal{S}_i$ は, R^{i-1} の分割 $\mathcal{S}_{i-1}$ 上の "柱状" の構造を持つ. もう少し正確に述べると, $S \in \mathcal{S}_i$ は $S' \in \mathcal{S}_{i-1}$ 上の関数のグラフか, 二つのグラフに挟まれた領域となる. 前者では半代数的集合として $S \simeq S'$ となり, 後者の場合は $S \simeq S' \times R$ となる. 特に $\mathcal{S}_n$ は R^n の半代数的な部分集合への分割なのだが, 帰納法から, $S \in \mathcal{S}_n$ は R^{d_S} と半代数的同相になることが分かり, CAD は半代数的セル分割を与えていることが分かる.

多項式の有限集合 $\mathcal{F} = \{f_1, \cdots, f_k\} \subset R[x_1, \cdots, x_n]$ に対して, CAD $\mathcal{S} = \{\mathcal{S}_1, \mathcal{S}_2, \cdots, \mathcal{S}_n\}$ が $\mathcal{F}$-不変であるとは, 各 $S \in \mathcal{S}_n$ が $\mathcal{F}$-不変であることとする. 言い換えると, $\mathcal{S}_n$ が符号による R^n の分割 $R^n = \bigsqcup_\varepsilon \sigma_\mathcal{F}^{-1}(\varepsilon)$ の細分を与えているということもできる. 与えられた多項式系 $\mathcal{F}$ に対して, $\mathcal{F}$-不変な CAD を求めることができれば, $\mathcal{F}$ を使って定義される半代数的集合の半代数的セル分割のみならず, その柱状構造から, 半代数的集合の射影の像の構造も詳しく分かる.

一般に $\mathcal{F}$ による符号分割は，セル分割とは限らないので，方程式を新たに付け加えることで，細分をしてセル分割や CAD を構成しなければならない．たとえば先の例 4.6 でみた符号分割は，各 $\sigma_{\mathcal{F}}^{-1}(\varepsilon)$ が連結ではない集合となっていた．もちろんこの例に対しては，我々は方程式の挙動を良く知っており，

$$R = (-\infty, -1) \sqcup \{-1\} \sqcup (-1, 0) \sqcup \{0\} \sqcup (0, 1) \sqcup \{1\} \sqcup (1, \infty) \tag{4.11}$$

と分割すれば $\mathcal{F}$-不変な半代数的セル分割が得られることを知っている．しかし一般にはどうすればよいのだろうか？ 各方程式ごとに増減表を書いてみて，多項式の挙動を調べるしかないのだろうか？ 一般的な状況で処方箋を与えてくれるのが次の Thom の補題である．

補題 4.12 (Thom の補題) $f \in R[x]$ を $\deg f = d$ の多項式として f の微分たちから決まる多項式系 $\mathcal{F} = \{f, f', f'', \cdots, f^{(d-1)}\}$ を考える．$\mathcal{F}$ に関する R の符号分割を $R = \bigsqcup_{e \in \{\pm 1, 0\}^k} \sigma_{\mathcal{F}}^{-1}(\varepsilon)$ とすると，各部分集合 $\sigma_{\mathcal{F}}^{-1}(\varepsilon)$ は一点，開区間，または空集合のどれかである．

この Thom の補題 4.12 の証明は [14, 13] を参照．

例 4.7 上の例 4.6 と設定で考える．Thom の補題を使うと図 4.7 の分割が得られる．これは (4.11) の半代数的セル分割よりもさらに細分化されたものであるが，f の微分たちの符号を考えるだけで，いつでもこのようなセル分割が得られるのである．

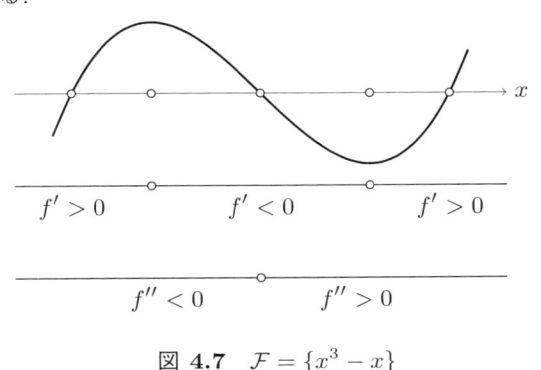

図 **4.7** $\mathcal{F} = \{x^3 - x\}$

アルゴリズム 4.13 与えられた有限個の方程式系 $\mathcal{F} \subset R[x_1, \cdots, x_n]$ に対して, $\mathcal{F}$-不変な CAD $\mathcal{S} = \{\mathcal{S}_1, \cdots, \mathcal{S}_n\}$, を与えるアルゴリズムが存在する.

このアルゴリズムを正確に書き下すことはかなり大変なので, 本書では扱わない ([4, 13] 参照). しかし雰囲気は次の例から伝わるのではないかと期待している.

例 4.8 $f(x_1, x_2) = x_1^2 + x_2^2 - 1$, $\mathcal{F} = \{f\}$ とする. $C = \{f(x_1, x_2) = 0\}$ は単位円である (図 4.8).

射影 $p : R^2 \longrightarrow R, (x_1, x_2) \longmapsto x_1$ を考える. これを C に制限して, $p|_C : C \longrightarrow R$ の逆像の個数を考える. これは $x_1 \in R$ を固定したときに, x_2 に関する方程式 $x_2^2 + (x_1^2 - 1) = 0$ の解の個数を数えることと同値である. 一般に方程式の (R 内の) 根の個数は係数たちの間の半代数的な条件式を使って記述することができる [3]. 今の場合は,

$$(p|_C)^{-1}(x_1) = \begin{cases} 2 \text{ 点}, & -1 < x_1 < 1 \\ 1 \text{ 点}, & x_1 = \pm 1 \\ \varnothing, & x_1 < -1 \text{ または } x_1 > 1 \end{cases} \quad (4.12)$$

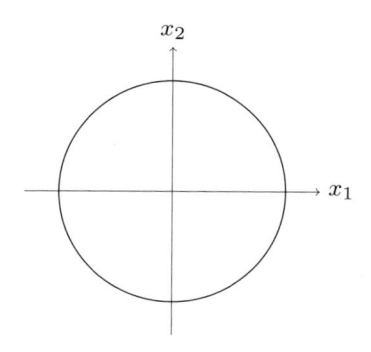

図 4.8 $x_1^2 + x_2^2 - 1 = 0$

---

[3] 方程式の解の判別式が係数たちの多項式として書かれることが本質的である. 以下で見るように, 判別式は CAD の柱状構造を作る上で非常に重要な役割を果たす.

ここで得られた

$$R = (-\infty, -1) \sqcup \{-1\} \sqcup (-1, 1) \sqcup \{1\} \sqcup (1, \infty)$$

が CAD の $\mathcal{S}_1$ である. 次に各点のファイバーを連結な開区間または一点に分けたいのだが, そのために Thom の補題 4.12 が使える. Thom の補題が教えてくれることは, $f(x_1, x_2)$ と

$$\frac{\partial f}{\partial x_2} = 2x_2$$

による符号分割を考えることで, ファイバー方向をセル分割することができる (図 4.9).

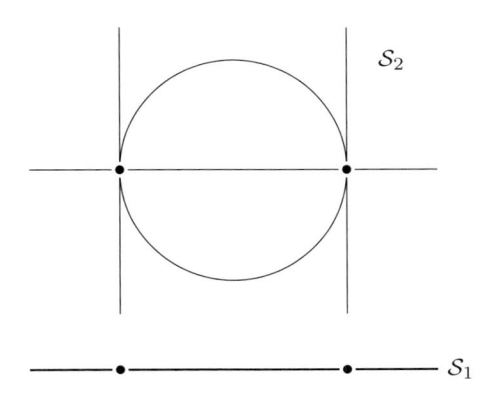

図 **4.9** $\mathcal{F}$-不変な CAD

多項式系 $\mathcal{F}$ が有理数係数の多項式系であれば, 上のアルゴリズム 4.13 から得られる CAD は有理数体上定義された半代数的セル分割であることに注意しておく.

系 4.14 有理数係数の有限多項式系 $\mathcal{F} \subset \mathbb{Q}[x_1, \cdots, x_n]$ が与えられたとする [4]. このとき, $\mathcal{F}$-不変な CAD, $\mathcal{S} = \{\mathcal{S}_i\}$, で各セル $S \in \mathcal{S}_i$ が $\mathbb{Q}$ 上定義された半代数的集合となるようにとることができる.

---

[4] 実閉体 R は常に有理数体 $\mathbb{Q}$ を部分体として含んでいる.

最後に半代数的集合の射影が半代数的集合になることを主張する定理 4.8 が CAD から導けることを見ておこう．半代数的集合 $X \subset R^n$ が

$$X = \{\boldsymbol{x} \in R^n \mid f_1(\boldsymbol{x}) = 0, \cdots, f_p(\boldsymbol{x}) = 0, g_1(\boldsymbol{x}) > 0, \cdots, g_q(\boldsymbol{x}) > 0\}$$

と表されているとする．このとき，射影 $p: R^n \longrightarrow R^{n-1}$ による X の像 $p(X) \subset R^{n-1}$ が半代数的集合であることを示す．そのためには $\mathcal{F} = \{f_1, \cdots, f_q, g_1, \cdots, g_q\}$ と置いて，$\mathcal{F}$-不変な CAD $\mathcal{S} = \{\mathcal{S}_1, \cdots, \mathcal{S}_n\}$ を求める．X がある符号 $\boldsymbol{\varepsilon} \in \{\pm 1, 0\}^{p+q}$ を使って $X = \sigma_{\mathcal{F}}^{-1}(\boldsymbol{\varepsilon})$ と表される．$\mathcal{S}$ は $\mathcal{F}$-不変な CAD なので，X は $\mathcal{S}_n$ のセルの和集合として $X = \bigcup_\alpha S_\alpha$ と表すことができる．CAD の定義より，セル $S_\alpha \in \mathcal{S}_n$ の射影 $p(S_\alpha)$ は $\mathcal{S}_{n-1}$ のセルなので，$p(X)$ は $\mathcal{S}_{n-1}$ のセルの和集合として表すことができる．

4.3 三角形分割と半代数的写像の自明化

抽象的有限単体複体とは，$[N] = \{1, 2, \cdots, N\}$ の部分集合族 $K \subset 2^{[N]}$ ($N \in \mathbb{Z}_{>0}$) であって $\sigma \in K$ かつ $\sigma' \subset \sigma$ ならば $\sigma' \in K$ を満たすもののことである．抽象的単体複体 K に対して，$\sigma \in K$ をその**面単体**といい，その次元を $\dim \sigma = |\sigma| - 1$ で定義する．抽象的単体複体 $K \subset 2^{[N]}$ とその面単体 $\sigma \in K$ に対して，$\{e_i \mid i \in \sigma\} \subset \mathbb{R}^N$ の凸包を σ の実現 $|\sigma| \subset \mathbb{R}^N$ と呼ぶ．ただし，$e_i = (0, \cdots, 0, \overset{i}{1}, 0, \cdots, 0)$ は $\mathbb{R}^N$ の標準基底である．抽象的単体複体 K の実現 $|K|$ とは，

$$|K| = \bigcup_{\sigma \in K} |\sigma|$$

である．抽象的単体複体の実現は半代数的集合であることに注意しよう．

半代数的集合 S の**三角形分割**とは，単体複体 K の実現 $|K|$ から S への半代数的同相写像のことである．$\mathbb{R}^n$ の有界な閉半代数的集合は三角形分割が可能である．

定理 4.15 コンパクトな $S \subset \mathbb{R}^n$ と有限個の半代数的閉部分集合 $S_1, S_2, \cdots, S_m \subset S$ に対して，単体的複体 K と半代数的同相写像 $\Phi: |K| \xrightarrow{\cong} S$ であって，各 S_j が K の面単体の像の和集合となるようなものが存在する．

定理 4.15 の証明は, CAD をさらに細分することで得られる. 詳しくは [13, 14] などを参照. さらに, 様々な積分の収束を論じる上で基本的な次の結果が最近示された [59].

定理 4.16 上の三角形分割において, $\Phi: |K| \xrightarrow{\simeq} S$ を C^1 級写像, つまり $|K|$ の近傍で定義された C^1 級写像の制限とすることができる.

CAD のもう一つの応用は, 次の半代数的写像の自明化定理 (Hardt) である. 像をうまく半代数的に分割すれば, 各部分集合上では, 半代数的写像は直積集合からの射影とみなすことができるというものである. (詳しくは [13, 14] などを参照.)

定理 4.17 (Hardt の自明化定理)　$S \subset \mathbb{R}^n, T \subset \mathbb{R}^m$ を半代数的集合として, $f: S \longrightarrow T$ を連続な半代数的写像とする. このとき次を満たす T の半代数的分割 $T = \bigsqcup_{i=1}^{p} T_i$ が存在する. $x_i \in T_i$ に対して, 半代数的同相写像 $\varphi_i: f^{-1}(x_i) \times T_i \xrightarrow{\simeq} f^{-1}(T_i)$ が存在して, $f \circ \varphi_i: f^{-1}(x_i) \times T_i \longrightarrow T_i$ は射影と等しくなる.

CAD や三角形分割, 半代数的写像の自明化はアルゴリズミックに求めることができる. このことから, 半代数的集合 S のホモロジー群 $H_k(S, \mathbb{Z})$ や半代数的写像から導かれるホモロジー群の間の準同型 $f_*: H_k(S, \mathbb{Z}) \longrightarrow H_k(T, \mathbb{Z})$ なども明示的に求めることができる.

4.4　複素代数幾何と実代数幾何

第 6 章で $\overline{\mathbb{Q}}$ 上定義された複素射影代数多様体のホモロジーや微分形式の積分を記述する必要が出てくる. それらの行為がアルゴリズミックに実行可能であることは, 本章の結果に帰着される. その際に必要になることは, 複素射影代数多様体が, $\mathbb{R}^N$ の実代数的部分集合と (実代数的) 同相になることである. 一次元以上の射影代数多様体は $\mathbb{C}^N$ の部分代数多様体 (アフィン多様体) にはなることはできないので, 実代数多様体に特有の性質である.

まずは複素射影空間 $\mathbb{CP}^n$ が $M_{n+1,n+1}(\mathbb{C}) \simeq \mathbb{C}^{(n+1)^2} \simeq \mathbb{R}^{2(n+1)^2}$ に次のよう

に埋め込まれる [5] ことをみよう ([14, Prop. 3.4.6]), ただしここで $M_{n+1,n+1}(\mathbb{C})$ は複素数成分の $(n+1)$ 次正方行列全体の集合である.

$$
\begin{aligned}
\mathbb{CP}^n &\longrightarrow M_{n+1,n+1}(\mathbb{C}) \\
(x_0 : x_1 : \cdots : x_n) &\longmapsto \frac{1}{\sum_{i=0}^{n}|x_i|^2} \cdot (x_i\overline{x_j})_{i,j=0,\cdots,n} \\
&= \frac{1}{\sum_{i=0}^{n}|x_i|^2} \cdot \begin{pmatrix} x_0 \\ \vdots \\ x_n \end{pmatrix} \cdot \left(\overline{x_0},\cdots,\overline{x_n}\right)
\end{aligned} \tag{4.13}
$$

この写像による像は次の集合と一致することが分かるので, 像は $R^{2(n+1)^2}$ の実代数的部分集合である.

$$X := \{A \in M_{n+1,n+1}(\mathbb{C}) \mid A = {}^t\overline{A}, A^2 = A, \operatorname{tr}(A) = 1\}. \tag{4.14}$$

一般の $\mathbb{CP}^n$ の代数的部分集合も同様に定めることができる. たとえば斉次方程式 $f(x_0, x_1, \cdots, x_n)$ が定める超曲面 $\{\boldsymbol{x} \in \mathbb{CP}^n \mid f(\boldsymbol{x}) = 0\}$ の上の写像 (4.13) による像は行列成分に関する方程式を使って

$$\{A = (a_{ij}) \in X \mid f(a_{1i}, a_{2i}, \cdots, a_{n+1 i}) = 0, i = 0, \cdots, n\} \tag{4.15}$$

のように表すことができる. よって, 複素射影空間 $\mathbb{CP}^n$ の代数的部分集合は, $\mathbb{R}^N$ の中の方程式の共通零点として表すことができる. $\mathbb{CP}^n$ の代数的部分集合には本章の結果を適用することができ, たとえば三角形分割やホモロジーの計算がアルゴリズミックに可能である.

---

[5] [61] によると "Mannoury 埋め込み" と呼ばれているそうである.

第 5 章

計算可能実数と 0-認識問題

　第 1 章では有理数から代数的数へと数の範囲を拡張し，第 2 章では代数的数の外にも周期や古典数と呼ばれる数のクラスを見てきた．代数的数の外でも，周期の範囲では代数的な統制が及ぶであろうという Kontsevich-Zagier の予想 (予想 2.6) を紹介した．さらに他の試みとして古典数を紹介した．

　有理数から順々に数の範囲を広げて，必要な数を次々と取り込んでいくプロセスはもちろん興味深いものであるが，この行為はいくら続けても実数全体には到達しない．と言うのも実数全体の集合はよく知られているように非可算無限集合であるが，我々が (有限文字列で) 指定できる数は高々可算無限個だからである．では我々が扱い得る，できるだけ大きな実数のクラスはどのように定義したら良いだろうか？

5.1　Turing と計算可能実数

　この問は，A. Turing が論文 [1][76] で問うた問題であった．Turing の論文の冒頭を引用しよう：

> "計算可能な" 数とは，実数であってその少数表示を有限的な方法で計算することができる数のことであると端的に言えるだろう [2,3]．

---

[1] 後に "Turing machine" と呼ばれる，アルゴリズムを実行する仮想機械を導入した論文である．

[2] The "computable" numbers may be described briefly as the real numbers whose expressions as a decimal are calculable by finite means.

[3] ただしこの論文の目的は実数を扱うことではなく，計算可能性の概念を提起することであった．実際，Turing は「計算可能性の概念は，関数や論理式にも適用可能であるが，さ

本章では計算可能性, 計算可能実数の概念を明確にし, 20 世紀前半に明らかになった数々の不可能性の一つとして, 計算可能実数の 0-認識問題の不可能性に焦点をあてて紹介しよう.

計算可能実数の概念を定式化するために, Turing の論文の冒頭の文章の背後にあるアイデアを言い換えておこう. まず実数の定義を思い出すと, 実数 $\mathbb{R}$ とは有理数の集合 $\mathbb{Q}$ の完備化であった. つまり, $\mathbb{R}$ は有理数の Cauchy 列 $a_n \in \mathbb{Q}$ 全体の集合を同値類で割ったものであるので, 実数をひとつ構成するというのは, 有理数の Cauchy 列 $a_n \in \mathbb{Q}$ を構成することに他ならない. さらに, 考察を正の実数に制限すると, 有理 Cauchy 列 $a_n \in \mathbb{Q}_{>0}$ は, 二つの関数 $f, g : \mathbb{N} \longrightarrow \mathbb{N}$ を使って

$$a_n = \frac{f(n)}{g(n)}$$

と表される. つまり実数を一つ与えるとは, 自然数から自然数への写像 $f, g \in \mathbb{N}^{\mathbb{N}}$ を二つ与えること, とみなすことができる. 自然数から自然数への写像全体の集合 $\mathbb{N}^{\mathbb{N}}$ と $\mathbb{R}$ は共に非可算無限集合であることに注意する. 計算可能実数の範囲を確定させるには, 自然数から自然数への「計算可能な関数」とは何かを確定することが不可欠なのである.

5.2 再帰的関数

$\mathbb{N} = \{0, 1, 2, \cdots\}$ は非負整数の集合とする.

関数 $f : \mathbb{N} \longrightarrow \mathbb{N}$ が計算可能であるとは, 直感的には, 自然数 n を与えたときに, $f(n)$ を計算するアルゴリズムが定まっていることである. 自然数 n に対し

しあたって技術的な単純さのために, 計算可能実数を扱う」と書いている. さらに §9 では,「計算可能実数が多くの実数を含んでいることを示すことで, 本論文の「計算可能性」の概念が有用であることの証左になるだろう.」とも述べている. 新概念を, 慣れ親しんだ実数概念に適用することで得られる結果を通して「計算可能性」の持つ力を明らかにしたかったのであろう. しかし皮肉なことに, コンピュータに日常的に触れ,「アルゴリズム」にも日々無数にお世話になっているが,「計算可能実数」についてあまり深く考えたことのなかった筆者のような現代の読者には, Turing の論文の冒頭の宣言は新しい実数像を力強く提示しているように思える.

て $f(n)$ が行き当たりばったりに定まるのではなく,誰が計算しても同じ $f(n)$ が得られるような手順がはっきりしていなければならない.遠くにいる知り合いに,電話で伝えるなり,メールで送るなりでアルゴリズムを伝えることができ,独立に計算を実行しても同じ答えに到達しなければならない.そのような関数の定義は必然的に言葉を使って伝えられるだろうから,関数の定義,計算アルゴリズムは,有限文字列で表示されていると仮定するのは自然であろう.

「計算可能関数とは,自然数 $n \in \mathbb{N}$ に対して,$f(n) \in \mathbb{N}$ を計算するアルゴリズムが有限文字列で与えられている関数 f のことである.」というのが直感的な定義である.しかしこれはいかにも頼りない定義である.まず,そもそもどの言語を使うのだろうか? 英語と日本語で全く同じ内容のことを表現できるのだろうか? 仮に日本語だけに限るとしても,有限文字列で定義が書き下されている関数は,誰が読んでも同じ定義を実行できるものなのだろうか? 計算可能な関数のクラスを定義するためには,もう少し制限した方が良いように思われる.「計算可能な関数」という概念を数学的に定める努力が,20 世紀の前半になされた.多くの提案があったが,それらが数学的に同値であることが分かり,一つの基準的な概念として「計算可能関数」のクラスが定義されている (**Church-Turing の提唱**).ただし,この概念が未来永劫不変な「計算可能関数」の概念というわけではなく,ある時代に多くの人々が「だいたいこういう操作で定義される関数たちを計算可能と言うことにしよう」と各々提案していたものが,たまたま同値であったからそれを「計算可能関数」と呼ぶことにしようというのが実情である.(このあたりの経緯は,[48, 5 章] およびそこで引用されている文献を参照.)

計算可能関数と同値なことが知られている,再帰的関数を本節では導入する.いくつかの関数が与えられて,そこから許される操作を指定するという形で定義される.

定義 5.1

(1) **零関数** $z : \mathbb{N} \longrightarrow \mathbb{N}$ を $z(n) = 0$ で定める.
(2) n 変数の第 i 変数への**射影関数** $p_i^n : \mathbb{N}^n \longrightarrow \mathbb{N}$ を $p_i^n(x_1, \cdots, x_n) = x_i$ で定める.
(3) **後者関数** $s : \mathbb{N} \longrightarrow \mathbb{N}$ を $s(n) = n + 1$ で定める.

知っている関数をリストアップするだけでは，有限個の関数しか得られない．次に我々は，知っている関数から新しい関数を作るある種の操作を定式化しなければならない．新しい関数を作る操作として，たとえば既知の関数関数 $f(x), g(x)$ の合成 $(f \circ g)(x) = f(g(x))$ をとるという操作がある．より一般には，$g_i : \mathbb{N}^n \longrightarrow \mathbb{N}$ $(i = 1, \cdots, m)$ と，$f : \mathbb{N}^m \longrightarrow \mathbb{N}$ が与えられたとき，その合成 $f(g_1(x), \cdots, g_m(x))$ を $\mathbb{N}^n$ から $\mathbb{N}$ への関数として定めることができることを知っている．

しかしこれだけではまだ十分ではない．たとえば二変数関数としての足し算関数 $f(x, y) = x + y$ や，掛け算 $g(x, y) = xy$ など，計算可能であるべき関数たちを含めなくてはならない．たとえば，$x + y$ をこれまでの既知の関数を使って記述する一つの方法は，x に後者関数 s を y 回適用することであろう．このようにある特定の操作を繰り返す「回数」を関数の変数として組み込む操作を**原始再帰法**という．

定理 5.2 $g : \mathbb{N}^n \longrightarrow \mathbb{N}, h : \mathbb{N}^{n+2} \longrightarrow$ に対して，次の条件を満たす $f : \mathbb{N}^{n+1} \longrightarrow \mathbb{N}$ が定まる．$(\boldsymbol{x} = (x_1, \cdots, x_n))$

- $f(\boldsymbol{x}, 0) = g(\boldsymbol{x})$.
- $f(\boldsymbol{x}, s(y)) = h(\boldsymbol{x}, y, f(\boldsymbol{x}, y))$.

定義 5.3 **原始再帰的関数**とは以下で定義される関数である．

(1) 零関数 z, 後者関数 s, 射影 p_i^n は原始再帰的関数である．
(2) 原始再帰的関数の合成も原始再帰的関数である．
(3) 原始再帰的関数から原始再帰法で定義される関数も原始再帰的関数である．
(4) 以上の操作で得られる関数だけを原始再帰的関数と呼ぶ．

これだけあれば，多くの関数が既に含まれている．次はその一例である．

例 5.1 次の関数は全て原始再帰的関数である．

(1) 加法: $\mathbb{N}^2 \longrightarrow \mathbb{N}, (x, y) \longmapsto x + y$.
(2) 乗法: $\mathbb{N}^2 \longrightarrow \mathbb{N}, (x, y) \longmapsto xy$.

(3) 前者関数: $\mathbb{N} \longrightarrow \mathbb{N}, x \longmapsto \max\{x-1, 0\}$.
(4) 引き算: $\mathbb{N}^2 \longrightarrow \mathbb{N}, (x, y) \longmapsto \max\{x-y, 0\}$.
(5) べき乗: $\mathbb{N}^2 \longrightarrow \mathbb{N}, (x, y) \longmapsto x^y$.
(6) 階乗: $\mathbb{N} \longrightarrow \mathbb{N}, x \longmapsto x!$.
(7) 最大, 最小: $\mathbb{N}^2 \longrightarrow \mathbb{N}, (x, y) \longmapsto \max\{x, y\}, \min\{x, y\}$.
(8) 符号:

$$\mathrm{sgn}(x) = \begin{cases} 0, & x = 0, \\ 1, & x \neq 0. \end{cases}$$

(9) 等号判定:

$$\mathrm{equal}(x, y) = \begin{cases} 1, & x = y, \\ 0, & x \neq y. \end{cases}$$

(10) $f(x, y)$ が原始再帰的なら, $g(x, z) = \sum_{y \leq z} f(x, y)$, $h(x, z) = \prod_{y \leq z} f(x, y)$ なども原始再帰的関数.

これらでも十分に多くの関数を含むが, 再帰的関数を定義するのに許される操作がもう一つある. 次の最小化関数である.

定義 5.4 関数 $g(\boldsymbol{x}, y)$ を $(n+1)$ 変数の関数とする $(\boldsymbol{x} = (x_1, \cdots, x_n))$. n 変数の関数 $f(\boldsymbol{x}) = \mu y[g(\boldsymbol{x}, y) = 0]$ を

$$f(\boldsymbol{x}) = \begin{cases} \min\{y \in \mathbb{N} \mid g(\boldsymbol{x}, y) = 0\}, & g(\boldsymbol{x}, y) = 0 \text{ となる } y \text{ が存在する場合} \\ \text{定義されない}, & g(\boldsymbol{x}, y) = 0 \text{ となる } y \text{ が存在しない}. \end{cases}$$

これを $g(\boldsymbol{x}, y)$ から得られる**最小化関数**と呼ぶ.

以下では関数といった場合に, **全域的関数** (定義域が $\mathbb{N}^n$ 全体) とは限らないものとする. 最小化関数をとる操作は, 原始再帰関数の定義に比べると, 少々気持ち悪いかもしれない. そもそも関数の定義域が全体でなくなるかもしれない. 「ある条件を満たす自然数を順番に探していく」という操作は n に対して $f(n)$ を定める定め方としては, 何か頼りない気がする. しかしたとえば次のような例を考えよう. 数列 p_n を

$$p_0 = 2, p_1 = 3, p_2 = 5, p_3 = 7, p_4 = 11, \cdots$$

とする. つまり, p_n は n 番目の素数を表すとする. このとき, $f(n) = p_n$ の定義を考えよう. n に対して p_n を与える関数は「n に対して p_n を計算するアルゴリズムが明確に定まっている」とみなしたい. 筆者に思いつく n に対して p_n を計算するアルゴリズムは, p_{n-1} を知っているとして, $p_{n-1}+1, p_{n-1}+2, p_{n-1}+3, \cdots$ と順番に素数かどうかを見ていって素数が現れるのを探すというアルゴリズムである. 上の最小化関数は, この「順番に探していって素数が現れるのを待つ」という操作を定式化したものだとみなすことができる. $f(n) = p_n$ のような関数を計算可能な再帰的関数として含みたければ, 最小化関数をとるという操作を含めておく方が良い, というのが最小化関数に対する一つの正当化ではないかと思われる [4].

定義 5.5 **再帰的関数** (または**計算可能関数**) とは次で定義される関数である.

(1) 原始再帰的関数は再帰的関数である.
(2) 再帰的関数 $g(\boldsymbol{x}, y)$ から, 最小化によって得られる関数 $f(\boldsymbol{x}) = \mu y[g(\boldsymbol{x}, y)]$ は再帰的関数である.
(3) 上の操作によって得られる関数だけが再帰的関数である.

次に $\mathbb{N}$ や $\mathbb{N}^n$ の部分集合の計算可能性について述べる.

定義 5.6 部分集合 $A \subset \mathbb{N}^n$ に対して, A の特性関数 $\chi_A : \mathbb{N}^n \longrightarrow \mathbb{N}$,

$$\chi_A(\boldsymbol{x}) = \begin{cases} 1, & \boldsymbol{x} \in A \\ 0, & \boldsymbol{x} \notin A, \end{cases}$$

が再帰的関数であるとき, $A \subset \mathbb{N}^n$ は**再帰的集合**と呼ばれる.

---

[4] 実は n 番目の素数 $f(n) = p_n$ は原始再帰的関数である. 一般に最小化関数をとる際に, $g(\boldsymbol{x}, y)$ が原始再帰的で, かつ y の探索範囲が $\boldsymbol{x}$ の原始再帰的関数で押さえられている場合, 最小化関数 $\mu y[g(\boldsymbol{x}, y) = 0]$ も原始再帰的であることが分かる. 素数列の場合は, たとえば $p_n \leq 2^{n+1}$ という不等式が知られているので, 最小化関数を使う際に, その探索範囲を原始再帰的に押さえることができるのである.

再帰的集合と関連してもう一つ重要な集合のクラスに**再帰的可算集合**がある.

定義 5.7 部分集合 $A \subset \mathbb{N}$ が**再帰的可算集合**であるとは, ある再帰的関数 $f : \mathbb{N}^n \longrightarrow \mathbb{N}$ が存在して,

$$A = \{y \in \mathbb{N} \mid \exists \boldsymbol{x} \in \mathbb{N}^n, \text{ s.t. } f(\boldsymbol{x}) = y\},$$

となることである.

後で $\mathbb{N}$ の再帰的部分集合は再帰的可算であることを示す (命題 5.9). 自然数の集合 $\mathbb{N}$ の (無限) 部分集合は可算集合である. つまり $\mathbb{N}$ の再帰的可算な無限部分集合と $\mathbb{N}$ の間に全単射が存在するはずである. 次の結果はこの全単射が再帰的関数でとれることを意味している.

命題 5.8 $A \subset \mathbb{N}$ は再帰的可算な無限集合とする. このとき, 再帰的な単射 $f : \mathbb{N} \longrightarrow \mathbb{N}$ があって, $A = f(\mathbb{N})$ となる.

証明 定義より, $A \subset \mathbb{N}$ は再帰的関数 $f : \mathbb{N}^n \longrightarrow \mathbb{N}$ の像である. 再帰的な全単射 $\mathbb{N} \xrightarrow{\cong} \mathbb{N}^n$ を合成することにより, A は再帰的な関数 $f : \mathbb{N} \longrightarrow \mathbb{N}$ の像としてよい. ここで, 関数 f は全ての $\mathbb{N}$ で定義されているとは限らない, つまり $n \in \mathbb{N}$ に対して, $f(n)$ の計算が終わらないかもしれないことが問題であることに注意する. このよう状況で A の元を $\{a_1, a_2, \cdots, a_n, \cdots\}$ と並べるアルゴリズムを作ればよい. 具体的には次のようにする: $n \in \mathbb{N}$ に対して, $f(1), f(2), \cdots, f(n)$ の計算を "n ステップ行う" (ここで関数の計算を "n ステップ行う" というのは色々な定義が可能であろうが, たとえば最小化関数を $\mu y[g(\boldsymbol{x}, y) = 0]$ をとる段階で y の探索範囲を $y \leq n$ とすればよい). この段階で計算が終わって, $f(k)$ ($1 \leq k \leq n$) を集めたものを A_n とする. A_1 から始め, $A_n \setminus A_{n-1}$ を順に並べていけば, $A = \bigcup_{i=1}^{\infty} A_i$ の元を並べるアルゴリズムが得られる. □

命題 5.9 A は $\mathbb{N}$ の部分集合で, $A, \mathbb{N} \setminus A$ 共に無限集合であると仮定する. このとき, 以下は同値.

(1) $A \subset \mathbb{N}$ は再帰的集合である.

(2) 単調な再帰的全単射 $f : \mathbb{N} \xrightarrow{\simeq} A$ が存在する.

(3) $A, \mathbb{N} \setminus A$ は共に再帰的可算集合である.

証明 (1)$\Longrightarrow$(2): 再帰的集合 $A \subset \mathbb{N}$ が特性関数 $\chi_A : \mathbb{N} \longrightarrow \mathbb{N}$ で定義されているとする. このとき, $n = 0, 1, 2, 3, \cdots$ に対して, $\chi_A(n)$ を計算する. $\chi_A(n) = 1$ なら $n \in A$ なので, A の元を小さいものから順に並べるアルゴリズムが得られる.

(2)$\Longrightarrow$(3): $f : \mathbb{N} \xrightarrow{\simeq} A$ が単調な再帰的全単射とする. A は明らかに再帰的可算である. $n \in A$ なら必ず $n \in \{f(0), f(1), \cdots, f(n)\} \subset A$ であることに注意する. $n \in \mathbb{N} \setminus A$ となるための必要十分条件は $n \notin \{f(0), \cdots, f(n)\}$ なので, $\mathbb{N} \setminus A$ の元を小さい順に並べるアルゴリズムが得られる.

(3)$\Longrightarrow$(1): $f_1 : \mathbb{N} \xrightarrow{\simeq} A$, $f_2 : \mathbb{N} \xrightarrow{\simeq} \mathbb{N} \setminus A$ を命題 5.8 で示された再帰的全単射とする. $\chi_A : \mathbb{N} \longrightarrow \{0, 1\}$ を次のように定める. 「$n \in \mathbb{N}$ に対して, $f_1(0), f_2(0), f_1(1), f_2(1), \cdots$ と計算していき, $f_1(k) = n$ となる k があれば, $\chi_A(n) = 1$, $f_2(k) = n$ となる k があれば, $\chi_A(n) = 0$」ポイントは, $n \in A$ または $n \in \mathbb{N} \setminus A$ のどちらかなので, $f_1(k) = n$ を満たす k かまたは $f_2(k) = n$ を満たす k のどちらかは必ず存在するので, $\chi_A(n)$ は n 全体で定義された再帰的関数となる. $\square$

上の命題 5.8 で見たように, 再帰的可算集合 $A \subset \mathbb{N}$ に対して, 再帰的な全単射 $f : \mathbb{N} \xrightarrow{\simeq} A$ をとることができるが, 命題 5.9 の (2)$\Longrightarrow$(3) の証明で見たように, f が単調であれば, $x \leq n$ に対して $f(x)$ を計算してみれば $n \in A$ か $n \in \mathbb{N} \setminus A$ のどちらであるかが判定できる. しかし f が単調でない場合には, "$n \notin A$" と断言するためにはもっとたくさん計算する必要がある. どこまで計算するべきかを測るために, 次の関数を導入する.

$$w(n) := \max\{x \in \mathbb{N} \mid f(x) \leq n\}. \tag{5.1}$$

写像 $f : \mathbb{N} \longrightarrow A$ は単射なので, $w(n)$ は well-defined である. また定義から $x > w(n)$ ならば $f(x) > n$ となる.

命題 5.10 $f : \mathbb{N} \xrightarrow{\simeq} A$ を再帰的な全単射として, $w(n)$ を (5.1) で定義され

た関数とする. $\mathbb{N}$ 全体で定義された再帰的な関数 $g : \mathbb{N} \longrightarrow \mathbb{N}$ が存在して,

$$w(n) \leq g(n), \forall n \in \mathbb{N}$$

を満たしていれば, A は再帰的集合である.

証明 定義より $x > g(n)$ ならば, $x > w(n)$ なので, $f(x) > n$ である. よって,

$$n \in A \iff n \in \{f(0), f(1), \cdots, f(g(n))\}$$

であることが分かり, A は再帰的関数である. □

この結果から, A が再帰的集合であることと, $w(n)$ が再帰的関数で押さえられることが同値である.

5.3 再帰的関数の Gödel 数

次に再帰的可算だが再帰的でない集合 $A \subset \mathbb{N}$ の存在を示すために (これは計算不可能性に関する最も基本的な事実である), 再帰的関数の Gödel 数について述べる. Gödel 数とは, 一言でいうと, 再帰的関数 $f : \mathbb{N}^n \longrightarrow \mathbb{N}$ に対して, 自然数 $\lceil f \rceil \in \mathbb{N}$ を対応させたものである. ただし, 正確にはこの対応は関数 f に対して定まるのではなく, f の表示 (定義) に対して定まる. よって関数 $\mathbb{N}^n \longrightarrow \mathbb{N}$ としては同じでも, 表示が異なるために Gödel 数が異なるということは起こりえる. では定義を述べよう, Gödel 数は以下のように再帰的に定義される.

(1) 零関数 $z : \mathbb{N} \longrightarrow \mathbb{N}$ に対しては $\lceil z \rceil = 2$, 後者関数 $s : \mathbb{N} \longrightarrow \mathbb{N}$ に対しては $\lceil s \rceil = 3$, 射影 $p_i^n : \mathbb{N} \longrightarrow \mathbb{N}$ に対しては $\lceil p_i^n \rceil = 5^n \cdot 7^i$ とする.

(2) $f : \mathbb{N}^m \longrightarrow \mathbb{N}$ と m 個の関数 $g_1, \cdots, g_m : \mathbb{N} \longrightarrow \mathbb{N}$ に対して, 合成 $h(\boldsymbol{x}) = f(g_1(\boldsymbol{x}), \cdots, g_m(\boldsymbol{x}))$ の Gödel 数を

$$\lceil h \rceil = 11^{19^{\lceil f \rceil} \cdot 23^{\lceil g_1 \rceil} \cdot 29^{\lceil g_2 \rceil} \cdots p^{\lceil g_m \rceil}}$$

で定める (p は 23 から数え始めて m 番目の素数).

(3) $g : \mathbb{N}^n \longrightarrow \mathbb{N}$, $h : \mathbb{N}^{n+2} \longrightarrow \mathbb{N}$ に対して, 原始再帰法 $f(\boldsymbol{x}, 0) = g(\boldsymbol{x}), f(\boldsymbol{x}, y+1) = h(\boldsymbol{x}, y, f(\boldsymbol{x}, y))$ で定まる関数の Gödel 数を

$$
\begin{array}{rcl}
\text{零関数 } z & \longleftrightarrow & 2 \\
\text{後者関数 } s & \longleftrightarrow & 3 \\
\text{射影 } p_i^n & \longleftrightarrow & 5^n \cdot 7^i \\
\text{合成} & \longleftrightarrow & 11 \\
\text{原始再帰法} & \longleftrightarrow & 13 \\
\text{最小化} & \longleftrightarrow & 17
\end{array}
$$

図 **5.1** 再帰的関数の Gödel 数

$$\lceil f \rceil = 13^{19^{\lceil g \rceil} \cdot 23^{\lceil h \rceil}}$$

で定める.

(4) $g : \mathbb{N}^{n+1} \longrightarrow \mathbb{N}$ に対して,最小化で得られる関数 $f(\boldsymbol{x}) = \mu y[g(\boldsymbol{x}, y) = 0]$ で得られる関数 f の Gödel 数を

$$\lceil f \rceil = 17^{\lceil g \rceil}$$

で定める.

定義から明らかではあるが,ほとんどの自然数は再帰的関数の Gödel 数ではない.しかし自然数 $m \in \mathbb{N}$ が再帰的関数の Gödel 数になっているかどうか,また m が Gödel 数である場合に,$m = \lceil f \rceil$ となる再帰的関数 f を一意的に復元することができる.このことから,再帰的関数の Gödel 数の集合

$$\{\lceil f \rceil \mid f \text{ は再帰的関数}\}$$

は $\mathbb{N}$ の再帰的部分集合であることが分かる.

5.4 停止問題,決定不可能性,非再帰的集合

前節でみた Gödel 数を使うと,再帰的関数達をアルゴリズミックに並べることができる.具体的には,自然数を小さい順から見ていき,再帰的関数 f の Gödel 数が現れるごとに関数 f をリストに加えるという操作を続けていけばよい.特にこのやり方で,1 変数の再帰的関数の集合を一列に並べることができる.

$$\{f \mid f : \mathbb{N} \longrightarrow \mathbb{N}, 再帰的関数\} = \{f_0, f_1, \cdots, f_n, \cdots\}.$$

このようなアルゴリズミックな数え上げ $f_0, f_1, \cdots$ を固定しておく．定義 5.4 の直後で注意したように，再帰的関数 f と自然数 $n \in \mathbb{N}$ に対して，$f(n)$ が定義される ($f(n)$ の計算が止まってその値が決定できる) とは限らない．より深刻に，$f(n)$ が止まるかどうかを再帰的アルゴリズムで決定することはできないことが知られている．

定理 5.11 $H \subset \mathbb{N}$ を

$$H = \{n \in \mathbb{N} \mid f_n(0) は停止する\}$$

とする．このとき，H は再帰的可算集合であるが，再帰的集合ではない．

証明 まず H が再帰的可算であることは，$n \in \mathbb{N}$ に対して，命題 5.8 の証明と同様に，$f_0(0), f_1(0), \cdots, f_n(0)$ 各々を n ステップ計算して，その時点で $f_k(0)$ の計算結果が得られれば，$k \in H$ とする，という手順で H の元を順に構成していけば，アルゴリズミックに H の元を並べることができる．

再帰的ではないことは，対角線論法によって証明する．仮に H が再帰的集合であるとする．このとき，

$$f_n(m) = (f_n \circ s^m)(0)$$

に注意すると，$f_n(m)$ の計算が停止するかどうかを判定することができ，次の関数が再帰的であることが分かる．

$$\ell(n, m) = \begin{cases} 1, & f_n(m) が定義される, \\ 0, & f_n(m) が定義されない. \end{cases}$$

この $\ell(n, m)$ を使って，全域的な二変数関数 $g(n, m)$ を

$$g(n, m) = \begin{cases} f_n(m), & \ell(n, m) = 1, \\ 0, & \ell(n, m) = 0, \end{cases}$$

と定義すると，$g_n(x) = g(n, x)$ は全域的な関数の数え上げ $\{g_0, g_1, \cdots, g_n, \cdots\}$ の列である．しかも元の列 $\{f_n\}$ が全ての一変数再帰的関数を含んでいるので，

$\{g_n\}$ は, 全域的関数を全て含んでいる. ここで, $f(x) = g_x(x) + 1$ とすると, $f(x)$ は再帰的であるが, どの g_n とも一致しないので矛盾. よって H は再帰的ではない. □

定理 5.11 は一般に $f_n(0)$ が停止するかどうかを決定 (停止問題) することができないことを意味する. 俗に「与えられた計算プログラムが停止するか否かをアルゴリズミックに決定することはできない」という形で表明されることもあるが, 数学的な問題として定式化するためには,「計算プログラム」の範囲を確定させる必要があった. 上の Gödel 数のようなアイデアを使うことで,「決定問題」は「自然数 $n \in \mathbb{N}$ が与えられた性質を持つかどうかを決定する問題」と定式化される. 特に「与えられた性質」という部分が再帰的関数 $f : \mathbb{N} \longrightarrow \{0, 1\}$ を使って「$f(n) = 1$」と表示できるときに, この問題は**再帰的判定可能**であるという.

5.5 計算可能実数

本章の冒頭で述べたことの繰り返しになるが, 実数の近似列を定義するのに使ってよい関数のクラスを定めることにより, 実数全体の非可算無限集合の中で, 可算個の計算可能実数の集合を定めることができる.

定義 5.12 有理数列 $r_k \in \mathbb{Q}, (k = 1, 2, \cdots ,)$ が計算可能であるとは, 三つの再帰的な関数 $a, b, s : \mathbb{N} \longrightarrow \mathbb{N}$ があって, $r_k = (-1)^{s(k)} \frac{a(k)}{b(k)}$ と表されることである.

定義 5.13 $x \in \mathbb{R}$ が計算可能実数であるとは, 再帰的な有理数列 r_k と, 再帰的な関数 $e : \mathbb{N} \longrightarrow \mathbb{N}$ があって,

$$k \geq e(N) \Longrightarrow |r_k - x| < 2^{-N} \tag{5.2}$$

を満たすこととする. (r_k, e) を x の再帰的表示と呼ぶ.

すなわち, x が計算可能実数であるとは, 近似する有理数列 r_k があって, k をどれくらい大きくすれば x との誤差が 2^{-N} より小さくできるのかを再帰的に

知ることができることである．この定義には様々な変種が考えられる．たとえば関数をより単純なクラスに制限したり，関数 e の再帰性を課さないなどである．関数 e に再帰性を課さない場合，定義できる実数のクラスが広がることが次の命題から分かる．

命題 5.14 $A \subset \mathbb{N}$ を再帰的可算ではあるが再帰的ではない集合とする．写像 $a : \mathbb{N} \longrightarrow A$ を再帰的な全単射とする (命題 5.8)．このとき，

$$\alpha = \sum_{n \in \mathbb{N}} 2^{-a(n)}$$

は再帰的実数ではない．

証明 仮に α が再帰的表示 (r_k, e) を持ったとしよう．このとき，$N_0 \in \mathbb{N}$ に対して，$N_0 \in A$ か否かを再帰的に判定できることを示す．$r_{e(N_0+1)}$ を計算すると，仮定より，

$$r_{e(N_0+1)} - \frac{1}{2^{N_0+1}} < \alpha < r_{e(N_0+1)} + \frac{1}{2^{N_0+1}}$$

一方で，α の定義にしたがって，近似 $\alpha_k = \sum_{n=1}^{k} 2^{-a(n)}$ を計算していくと，必ずある k_0 で，$\alpha_{k_0} > r_{e(N_0+1)} - 2^{-N_0-1}$ となる．もし $N_0 \in A$ であれば，$a(n_0) = N_0$ となる (唯一の)n_0 は必ず $n_0 \le k_0$ である．というのも，もし仮に $n_0 > k_0$ であれば，

$$\alpha_{n_0} = \alpha_{k_0} + \sum_{n=k_0+1}^{n_0} 2^{-a(n)}$$
$$\ge \alpha_{k_0} + 2^{-N_0}$$
$$> r_{e(N_0+1)} - \frac{1}{2^{N_0+1}} + 2^{-N_0}$$
$$= r_{e(N_0+1)} + \frac{1}{2^{N_0+1}}$$
$$> \alpha$$

となり，α_k の単調性に矛盾する．よって $N_0 \in A$ を示すには，$n \le k_0$ の範囲で，$a(n) = N_0$ となる n が存在するかどうかを調べれば十分であり，A が再帰的ではないことに反する． □

計算可能実数は体をなすことがすぐに分かる.

命題 5.15 計算可能実数全体の集合は, 加減乗除で閉じており, 体をなす.

証明 $x_1, x_2 \in \mathbb{R}$ を計算可能実数とする. すなわち, 再帰的な有理数列 r_{1k}, r_{2k} と再帰的な関数 $e_1, e_2 : \mathbb{N} \longrightarrow \mathbb{N}$ で, $k \geq e_i(N)$ ならば $|x_i - r_{ik}| < 2^{-N}$ が成立しているとする. このとき, $r'k = r_{1k} + r_{2k}$ として, $e'(N) = \max\{e_1(N+1), e_2(N+1)\}$ とすると, $k \geq e'(N)$ のとき,

$$|(x_1 + x_2) - r'(k)| \leq |x_1 - r_{1k}| + |x_2 - r_{2k}|$$
$$< 2^{-(N+1)} + 2^{-(N+1)}$$
$$= 2^{-N}$$

となるので, $x_1 + x_2$ も計算可能実数である. 他の演算 (差, 積および商) についても, 同様である. □

上の証明に加えて, 第 1 章 §1.4 と同様の議論を使うことで, 計算可能実数全体が実閉体をなすことも証明することができる.

計算可能実数 $x \in \mathbb{R}$ を与えるとは, 計算可能な有理数列 r_k と再帰的関数 $e : \mathbb{N} \longrightarrow \mathbb{N}$ で (5.2) を満たすものを与えることである. 本書の主題である, 等号の認識問題, つまり二つの計算可能実数を与えたとき, すなわち $(r_{1k}, e_1), (r_{2k}, e_2)$ を与えたとき, それらが同じ実数を与えているかどうかを判定する問題である. これは上の命題を使うと, r_k の極限が 0 になるかどうかを問う問題とみなすこともできる. まず次の事実に注意する. x の再帰的表示を (r_k, e) とする. もし $x > 0$ なら, そのことは再帰的に判定可能である. 実際, $r_{e(N)}$ を順に計算していって,

$$r_{e(N)} > 2^{-N} \tag{5.3}$$

となる N が見つかった時点で, $x > 0$ と結論づけることができる. というのも, $|x - r_{e(N)}| < 2^{-N}$ なので,

$$x = r_{e(N)} + (x - r_{e(N)}) > 2^{-N} - |x - r_{e(N)}| > 0$$

である. 逆に, $x > 0$ であれば, (5.3) を満たす N は必ず存在する. $N > 0$ を

$\frac{x}{2} > 2^{-N}$ となるようにとると,

$$r_{e(N)} = x - (x - r_{e(N)}) > x - 2^{-N} > x - \frac{x}{2} = \frac{x}{2} > 2^{-N}$$

が成り立つ. 以上をまとめると次の命題を得る.

命題 5.16 x の再帰的表示を (r_k, e) とする. $x > 0$ となるための必要十分条件は, (5.3) を満たす $N > 0$ が存在することである. (同様に, $x < 0$ となるための必要十分条件は $r_{e(N)} < -2^{-N}$ を満たす $N > 0$ が存在することである.)

上の考察から, 計算可能実数 x が $x \neq 0$ であれば, 原理的に有限ステップで符号を知ることが可能である. $r_{e(N)}$ を計算していって, $r_{e(N)} > 2^{-N}$ または $r_{e(N)} < -2^{-N}$ のどちらかが起こることを待てばよいのである.

問題は $x = 0$ の場合である. $x = 0$ であることを, その再帰的表示 (r_k, e) から知ることができるだろうか?

定理 5.17 一般に計算可能実数の再帰的表示 (r_k, e) が与えられたときに, $\lim_{k \to \infty} r_k = 0$ か否かを判定するアルゴリズムは存在しない.

証明 ([62, page 23]) $A \subset \mathbb{N}$ を再帰的ではないが再帰可算な集合とし, $a: \mathbb{N} \longrightarrow A$ を再帰的な全単射とする. 二重数列 x_{nk} を

$$x_{nk} = \begin{cases} 2^{-m}, & n = a(m) \text{ を満たす } m \leq k \text{ が存在するとき} \\ 0, & \text{その他} \end{cases}$$

で定める. n を固定するごとに, k に関する数列 $\{x_{nk}\}_k$ は収束し,

$$\lim_{k \to \infty} x_{nk} = \begin{cases} 2^{-m}, & n \in A, a(m) = n \text{ のとき} \\ 0, & n \notin A \text{ のとき} \end{cases}$$

となる. この極限を x_n と表す. 数列 $\{x_{nk}\}_k$ は $|x_{nk} - x_n| \leq 2^{-k}$ であることから, 実数 x_n の再帰的表示を与える. このとき, $x_n = 0$ か否かを判定することは, $n \in A$ か否かを判定することと同値である. しかし A が再帰的集合でないことから, それは再帰的には判定できないことを意味する. よって, 計算可能実数の再帰的表示から, それが 0 かどうかを再帰的に判定することは一般には不可能であることが分かる. □

5.6　Hilbert の第 10 問題

Hilbert が 1900 年パリの第二回国際数学者会議で提起した 23 の問題の 10 番目のもの, いわゆる Hilbert の第 10 問題に触れておこう. 問題は「任意個数の未知数を含んだ有理整数係数の整数係数方程式について, その方程式が有理整数解を持つか否かを有限回の手段で判定すること」である. (詳しくは [23] 参照.)

まず最初に, 解の範囲について簡単な注意をしておく. 元の問題は, 整数解を持つかどうかを問うものであったが, 前節までの計算可能性との関係を考えると, 自然数解 (非負整数解) を持つかどうかを問う方がわずかではあるが扱いやすくなる. 両者は, 実際, どちらで考えても同じであることが知られている. つまり, 以下の (A) と (B) は同値であることが知られている.

- (A) 「与えられた整数係数多項式 $P(x_1, \cdots, x_n) \in \mathbb{Z}[x_1, \cdots, x_n]$ に対して $P(\boldsymbol{x}) = 0$ を満たす整数解 $\boldsymbol{x} \in \mathbb{Z}^n$ があるかどうかを決定するアルゴリズムが存在する」
- (B) 「与えられた整数係数多項式 $P(x_1, \cdots, x_n) \in \mathbb{Z}[x_1, \cdots, x_n]$ に対して $P(\boldsymbol{x}) = 0$ を満たす自然数解 $\boldsymbol{x} \in \mathbb{N}^n$ があるかどうかを決定するアルゴリズムが存在する」

実際, (B) が存在したとすると (簡単のために一変数関数で記述する),

$$p(x) = 0 \text{ が整数解を持つ} \iff \begin{cases} p(x) = 0 \text{ が自然数解を持つ, または} \\ p(-x) = 0 \text{ が自然数解を持つ} \end{cases}$$

という事実を使って (A) のアルゴリズムを書き下すことができる. 逆に A のアルゴリズムが与えられたとする. 任意の自然数が 4 個の平方数の和で表されるという結果を使うと,

$$p(x) = 0 \text{ が自然数解を持つ} \iff p(x_1^2 + x_2^2 + x_3^2 + x_4^2) = 0 \text{ が整数解を持つ}$$

と書き換えられるので, (B) のアルゴリズムが得られる.

以下は整数係数方程式の自然数解だけを考えることにする.

定義 5.18　集合 $S \subset \mathbb{N}^n$ が **Diophantine 集合**であるとは, $\boldsymbol{x} = (x_1, \cdots, x_n), \boldsymbol{y} =$

$(y_1, \cdots, y_m)$ に関する整数係数多項式 $P(\boldsymbol{x}, \boldsymbol{y}) \in \mathbb{Z}[\boldsymbol{x}, \boldsymbol{y}]$ が存在して,

$$S = \{\boldsymbol{x} \in \mathbb{N}^n \mid \exists \boldsymbol{y} \in \mathbb{N}^m (P(\boldsymbol{x}, \boldsymbol{y}) = 0)\}$$

と表されることである.

上の集合 S は $\{(\boldsymbol{x}, \boldsymbol{y}) \mid P(\boldsymbol{x}, \boldsymbol{y}) = 0\} \subset \mathbb{N}^{n+m}$ を $\mathbb{N}^n$ へ射影した集合とみることもできるし, また, $P(\boldsymbol{x}, \boldsymbol{y}) = P_{\boldsymbol{x}}(\boldsymbol{y})$ の $\boldsymbol{x}$ はパラメータとみなし, 整数係数多項式 $P_{\boldsymbol{x}}(\boldsymbol{y}) = 0$ が解 $\boldsymbol{y} \in \mathbb{N}^m$ を持つようなパラメータ $\boldsymbol{x}$ 全体の集合とみなすこともできる. また, 関数 $f : \mathbb{N}^n \longrightarrow \mathbb{N}$ が Diophantine であるとは, そのグラフが Diophantine 集合であることと定義される.

次の結果により, Hilbert の第 10 問題は否定的に解かれた.

定理 5.19 ([23]) 集合 $S \subset \mathbb{N}^n$ が Diophantine であることと, 再帰的可算であることは同値である.

既に見たように, 再帰的集合ではない再帰的可算集合 $A \subset \mathbb{N}$ が存在する (定理 5.11). 定理 5.19 より, この A も Diophantine であり,

$$A = \{x \in \mathbb{N} \mid P(x, \boldsymbol{y}) = 0\}$$

となるような, 整数係数多項式 $P(x, \boldsymbol{y}) \in \mathbb{Z}[x, \boldsymbol{y}]$ が存在する. もし仮に整数係数の多項式が自然数解を持つかどうかを再帰的に判定することができれば, $x \in \mathbb{N}$ に対して, $P_x(\boldsymbol{y}) := P(x, \boldsymbol{y}) = 0$ が解 $\boldsymbol{y} \in \mathbb{N}^n$ を持つかどうかを再帰的に判定することができる. これは A が再帰的ではないことに反する. よって, 整数係数多項式が自然数解を持つかどうかを判定する再帰的なアルゴリズムは存在しないことが分かる. このことから Hilbert の第 10 問題は否定的に解決される.

定理 5.19 の証明は, 初等的ではあるが, 長いのでここでは省略する. 証明については, [23] でほとんど予備知識を仮定せずに解説されている. 1950 年のケンブリッジ (アメリカ) での国際数学者会議の 10 分講演の際に, Julia Robinson と学位をとりたての Martin Davis が出会ったときから証明への共同研究が始まる. 1950〜1960 年頃に, M. Davis, H. Putnam, J. Robinson によって, 多項式だけではなく, $P(\boldsymbol{x}, \boldsymbol{y})$ の定義において指数関数の使用を許す場合に, 上の定理が成立することが示されていた. 彼らの結果が意味するのは, 指数関数の増大

度を持つ Diophantine 関数を「ひとつ」見つけることで Hilbert の第 10 問題が否定的に解けることであった. そのような Diophantine 関数が存在するかどうかに関する意見は, 専門家の間でも方向性が定まっていなかったようで, 存在を予想した当の本人である J. Robinson も一時期は信じていなかったと述懐している [2]. この問題は 1960 年代を通して未解決のままであったが, 1970 年にレニングラードの学生であった Yuri Matijasevič によって Fibonacci 数列が Diophantine であることが示されたことで決着した [5].

5.7 初等関数に関する決定不可能性

第 2 章で導入したように, 代数関数, 指数関数, 対数関数, 三角関数, 逆三角関数, およびこれらの関数の有限回の合成で得られる関数を初等関数という. 初等関数 f が $\mathbb{R}$ 上実数値連続関数であると仮定しよう. f は解析関数なので, $x = 0$ でのテイラー展開が $\mathbb{R}$ 全体での振る舞い, たとえば $\mathbb{R}$ 上で負の値をとるかどうか, を決めているのである. Richardson [63] は, Hilbert の第 10 問題の否定的解決を使うことで, f が負の値をとるかどうか, つまり $\exists x \in \mathbb{R}(f(x) < 0)$ が成立するか否かを, アルゴリズミックに判定することはできないことを証明した. 本節では Richardson の結果を ([19, 79] によって改良された形で) 紹介する.

まず関数のクラスを正確に設定する. 初等関数よりもさらに限定して, 以下の ($\mathbb{R}$ 全体で定義されることが明らかな) 関数のクラス E を考える.

定義 5.20 $\mathbb{R}$ 上の実数値連続関数のクラス E を次で定める.

- 定数関数 $f(x) = c$ は E に属する. ただし, $c \in \mathbb{Q} \cup \{\pi\}$.
- 整数係数多項式 $f(x) \in \mathbb{Z}[x]$ は E に属する.

---

[5] Hilbert の第 10 問題解決の立役者である Julia Robinson (1919-1985) は, 後に女性数学者として初めて米国科学アカデミーの会員, アメリカ数学会会長に選出された. 数学者の優れた伝記を多数執筆している Constance Reid は J. Robinson の姉である. C. Reid によると, Robinson は 60 年代に誕生日のロウソクを吹き消す際に決まって, Hilbert の第 10 問題が解かれるよう祈っていたそうである「自分に解けなくてもよい, ただ誰かに解かれて欲しい. 答えを知るまでは死ねない.」[2]

- $\sin x \in E$.
- $f(x), g(x) \in E$ ならば $f(x) + g(x), f(x) \cdot g(x), f(g(x)) \in E$.
- E はこれらの手続きを有限回使って得られる関数のみからなるとする.

定義から E は $\mathbb{R}$ 上の連続関数からなる可算集合である. このとき, 次が証明される.

定理 5.21 (Richardson [63]) $f(x) \in E$ に対して, $\exists x \in \mathbb{R}(f(x) < 0)$ が成立するか否かを決定するアルゴリズムは存在しない.

以下証明を述べる. まず前節の定理 5.19 より, ある $m, n > 0$ と $m + n$ 変数多項式 $P(\boldsymbol{x}, \boldsymbol{y}) \in \mathbb{Z}[x_1, \cdots, x_m, y_1, \cdots, y_n]$ が存在して,

$$\{\boldsymbol{x} \in \mathbb{N}^m \mid \exists y \in \mathbb{N}^n (P(\boldsymbol{x}, \boldsymbol{y}) = 0)\} \subset \mathbb{N}^{m+n}$$

は再帰的可算だが, 再帰的集合ではないものが存在する. この多項式を使って, E の元を構成する.

次は一般的な多項式に関する補題である.

補題 5.22 実変数多項式 $g(x_1, \cdots, x_\ell) \in \mathbb{R}[x_1, \cdots, x_\ell]$ に対して, 以下を満たす整数係数多項式 $K(x_1, \cdots, x_\ell) \in \mathbb{Z}[x_1, \cdots, x_\ell]$ が存在する: 任意の $(a_1, \cdots, a_\ell) \in \mathbb{R}^\ell$ に対して,

$$\max\{|g(a_1 + h_1, \cdots, a_\ell + h_\ell)|; |h_i| \leq 1, 1 \leq i \leq \ell\} < K(a_1, \cdots, a_\ell).$$

証明 整数 C, d を十分大きくとって,

$$K(x_1, \cdots, x_\ell) = C \cdot (1 + x_1^2 + \cdots + x_\ell^2)^d$$

とすればよい. (詳細は省略.) □

この補題を使って, 上の多項式 $P(\boldsymbol{x}, \boldsymbol{y})$ に対して (任意の $\boldsymbol{x} \in \mathbb{R}^m, \boldsymbol{y} \in \mathbb{R}^n$ に対して)

$$\max\left\{\left|\frac{\partial}{\partial y_i}\left(P(\boldsymbol{x}, \boldsymbol{y} + \boldsymbol{h})^2\right)\right|; |h_i| \leq 1, 1 \leq i \leq n\right\} < k_i(\boldsymbol{x}, \boldsymbol{y})$$

を満たす多項式 $k_i \in \mathbb{Z}[\boldsymbol{x}, \boldsymbol{y}]$ を選んでおく. 関数 $f(\boldsymbol{x}, \boldsymbol{y})$ を次で定義する.

$$f(\boldsymbol{x},\boldsymbol{y}) = (n+1)^4 \left[P(\boldsymbol{x},\boldsymbol{y})^2 + \sum_{i=1}^n (\sin \pi y_i)^2 \cdot k_i(\boldsymbol{x},\boldsymbol{y})^4 \right]. \tag{5.4}$$

このとき, 次が成立する.

補題 5.23 $\boldsymbol{x} \in \mathbb{N}^m$ に対して, 次は同値.

(1) $\exists \boldsymbol{y} \in \mathbb{N}^n$, s.t. $P(\boldsymbol{x},\boldsymbol{y}) = 0$.

(2) $\exists \boldsymbol{y} \in \mathbb{R}_{\geq 0}^n$, s.t. $f(\boldsymbol{x},\boldsymbol{y}) = 0$.

(3) $\exists \boldsymbol{y} \in \mathbb{R}_{\geq 0}^n$, s.t. $f(\boldsymbol{x},\boldsymbol{y}) \leq 1$.

証明 (1) $\Longrightarrow$ (2) $\Longrightarrow$ (3) は明らかであるので, (3) $\Longrightarrow$ (1) を示す. $\boldsymbol{x} \in \mathbb{N}^m$, $\boldsymbol{y} \in \mathbb{R}_{\geq 0}^n$, として, $f(\boldsymbol{x},\boldsymbol{y}) \leq 1$ とする.

$$P(\boldsymbol{x},\boldsymbol{y})^2 + \sum_{i=1}^n (\sin \pi y_i)^2 \cdot k_i(\boldsymbol{x},\boldsymbol{y})^4 \leq \frac{1}{(n+1)^4}$$

より, $P(\boldsymbol{x},\boldsymbol{y}) \leq \frac{1}{(n+1)^2}$ および,

$$|\sin \pi y_i|^{1/2} \cdot k_i(\boldsymbol{x},\boldsymbol{y}) \leq \frac{1}{n+1}$$

を得る. $y_i \in \mathbb{R}_{\geq 0}$ に最も近い自然数を $\langle y_i \rangle \in \mathbb{N}$ とする. $|y_i - \langle y_i \rangle| \leq \frac{1}{2}$ より, 不等式

$$|y_i - \langle y_i \rangle| \leq |\sin \pi y_i|^{1/2}$$

が成り立つ. 関数 P を, $\boldsymbol{y} \in \mathbb{R}^n$ で Taylor 展開して, $\langle \boldsymbol{y} \rangle = (\langle y_1 \rangle, \cdots, \langle y_n \rangle)$ での値を計算することを考えると,

$$P(\boldsymbol{x},\langle \boldsymbol{y} \rangle)^2 \leq P(\boldsymbol{x},\boldsymbol{y})^2 + \sum_{i=1}^n |y_i - \langle y_i \rangle| \cdot \left| \frac{\partial}{\partial y_i}(P^2) \right|$$

$$\leq P(\boldsymbol{x},\boldsymbol{y})^2 + \sum_{i=1}^n |y_i - \langle y_i \rangle| \cdot k_i(\boldsymbol{x},\boldsymbol{y})$$

$$< 1.$$

ここで左辺の値は非負整数なので, $P(\boldsymbol{x},\langle \boldsymbol{y} \rangle) = 0$ となり, (1) を得る. □

補題 5.24 $y_1, y_2 \in \mathbb{R}, \delta \in \mathbb{R}_{>0}$ に対して, ある $w_1, w_2 \in \mathbb{R}$ が存在して次を満たす.

(i) $w_2 > w_1 > |y_2|$.
(ii) $w_2 \sin w_2 = y_1$.
(iii) $w_2^3 - w_1^3 > 2\pi$.
(iv) $(w_2 - w_1)(w_2 + 1) < \delta$.

証明 まず $w_1 > |y_2| + 1$ とする. $w_2 = \sqrt{w_1^2 + \frac{\delta}{2}}$ と置くと,

$$(w_2 - w_1)(w_2 + 1) < (w_2 - w_1)(w_2 + w_1) = w_2^2 - w_1^2 < \delta$$

となって, (i), (iv) が満たされる. ここで,

$$w_2^3 - w_1^3 = w_2(w_1^2 + \frac{\delta}{2}) - w_1^3$$
$$> \frac{w_2 \delta}{2} > \frac{w_1 \delta}{2}$$

なので, $w_1 > \frac{4\pi}{\delta}$ とすると, (iii) が満たされる. さらに $w_1 \in (\frac{4\pi}{\delta}, \infty)$ で (ii) を満たす w_1 が存在するので, (i)〜(iv) を全て満たす w_1, w_2 が存在する. □

補題 5.25 関数 $h(w), g(w) \in E$ を

$$h(w) = w \sin w,$$
$$g(w) = w \sin(w^3),$$

で定める. 任意の $y_1, y_2 \in \mathbb{R}, \delta \in \mathbb{R}_{>0}$ に対して, 次を満たす $w \in \mathbb{R}_{>0}$ が存在する:

$$|h(w) - y_1| < \delta,$$
$$g(w) = y_2.$$

証明 補題 5.24 の性質を満たす w_1, w_2 をとっておく. 不等式 (iii) より, $g(w) = y_2$ を満たす $w_1 < w < w_2$ が存在する. このとき, (中間値の定理より, 適切な $w' \in (w_1, w_2)$ が存在して)

$$|h(w) - y_1| = |h(w) - h(w_2)|$$
$$= (w_2 - w_1)|\sin w' + w' \cos w'|$$
$$\leq (w_2 - w_1)(w_2 + 1)$$
$$< \delta$$

これにより，条件が満たされる． □

補題 5.26 実数 $y_1, \cdots, y_n \in \mathbb{R}, \delta \in \mathbb{R}_{>0}$ に対して，次を満たす正の実数 $w \in \mathbb{R}_{>0}$ が存在する：

$$|h(w) - y_1| < \delta$$
$$|h(g(w)) - y_2| < \delta$$
$$|h(g(g(w))) - y_3| < \delta$$
$$\vdots$$
$$|h(\underbrace{g(\cdots g}_{n-1}(w))) - y_n| < \delta.$$

証明 証明は帰納法による．$n=1$ の場合は関数 h の定義より明らか．$n-1$ の場合に，$y_2, \cdots, y_n$ に対して，

$$|h(w^*) - y_2| < \delta$$
$$|h(g(w^*)) - y_3| < \delta$$
$$\vdots$$
$$|h(\underbrace{g(\cdots g}_{n-2}(w^*))) - y_n| < \delta.$$

を満たすとする．ここで，補題 5.25 より，

$$|h(w) - y_1| < \delta$$
$$g(w) = w^*$$

を満たす w が存在する．これは n の場合に補題の主張が成り立つことを意味する． □

以上の準備の下，定理 5.21 を証明する．多項式 $P(\boldsymbol{x}, \boldsymbol{y})$ および (5.4) で定義された関数 $f(\boldsymbol{x}, \boldsymbol{y})$ から次の $m+1$ 変数の関数 $A(\boldsymbol{x}, u)$ を作る．

$$A(\boldsymbol{x}, u) = f(\boldsymbol{x}, h(u), h(g(u)), \cdots, h(\underbrace{g(\cdots g}_{n-1}(u)))) - 1. \tag{5.5}$$

これは $\boldsymbol{x} \in \mathbb{N}^m$ を固定するごとに, u に関する一変数関数を与えるが, この関数は E に含まれることに注意しておく. さて, $\boldsymbol{x} \in \mathbb{N}^m$ に対して, 次の二つの命題

(a) $\exists u \in \mathbb{R}(A(\boldsymbol{x}, u) < 0)$,

(b) $\exists \boldsymbol{y} \in \mathbb{R}^n(f(\boldsymbol{x}, \boldsymbol{y}) < 1)$,

は同値である. 実際, (a)$\Longrightarrow$(b) は関数 A の定義から自明である. (b)$\Longrightarrow$(a) は補題 5.26 と関数 f の連続性から分かる.

上の同値性 (a)$\Longleftrightarrow$(b) と補題 5.23 より, $A(\boldsymbol{x}, u) < 0$ を満たす $u \in \mathbb{R}$ が存在するための必要十分条件は, $P(\boldsymbol{x}, \boldsymbol{y}) = 0$ となる $\boldsymbol{y} \in \mathbb{N}^n$ が存在することである. つまり,

$$\{\boldsymbol{x} \in \mathbb{N}^m \mid \exists u \in \mathbb{R}(A(\boldsymbol{x}, u) < 0)\} = \{\boldsymbol{x} \in \mathbb{N}^m \mid \exists \boldsymbol{y} \in \mathbb{N}^n(P(\boldsymbol{x}, \boldsymbol{y}) = 0)\}$$

となり, P のとり方より, これは再帰的集合ではない. 以上で定理 5.21 が示された.

定理 5.21 と標準的な議論の帰結を最後に述べよう. (この事実の証明はしないが, 同様の議論は第 6 章 §6.6, §6.7 でも使われる. または [23, Theorem 7.7] 参照.)

系 5.27 関数の族 E の中には, 次のような関数 $f(x) \in E$ が存在する: $\forall x \in \mathbb{R}(f(x) \geq 0)$ が成立するが, そのことを ZFC で証明することはできない.

このように, 初等関数やさらに制限して E のようなクラスだけを考えても, 比較的単純な形の証明不可能命題があるのである.

第6章

Grothendieck の周期予想と Hodge 予想

　代数多様体の代数的 de Rham コホモロジー類をホモロジーサイクル上で積分して得られる複素数を代数多様体の周期という．本章では代数多様体の周期に関わる二つの予想，**Hodge 予想**と **Grothendieck の周期予想**を紹介する．**Grothendieck の周期予想**は Kontsevich-Zagier の予想のプロトタイプとなった予想で，

　　$\mathbb{Q}$ 上定義された滑らかな射影多様体の周期の間の代数的な関係式は代数
　　的サイクルに由来するものに限られるだろう．

と述べられる (詳しくは §6.4)．Grothendieck が代数的 de Rham コホモロジーに関する論文 [34, p. 102] の脚注でほのめかしており，上のような形である程度はっきりと予想として述べた文献としては S. Lang [53, p. 42-43] にさかのぼる[1]．この予想は代数幾何や数論の専門家の間では，Kontsevich-Zagier の予想以前から知られていた (たとえば [6, Chap. 9])．

　もう一つの **Hodge 予想**は 2000 年にクレイ研究所が 100 万ドルの懸賞金をかけた 7 つのミレニアム問題の一つとして有名である．その主張は

　　滑らかな複素射影多様体の Hodge サイクルは代数的サイクルであろう．

というものである．代数的サイクルや Hodge サイクルの定義はあとで述べるが，とりあえず滑らかな複素射影多様体 X のホモロジーサイクル $\eta \in H_k(X^{\mathrm{an}}, \mathbb{Q})$ の中には，「代数的サイクル」であるとか「Hodge サイクル」と呼ばれる特別なものがあって，「代数的サイクル $\Longrightarrow$ Hodge サイクル」という事実はよく知られており，その逆の成立が予想されているのである．

---

[1] 以上の経緯は [25] の Tex 化されたバージョンにある J. Milne の注釈による．

Hodge 予想に関しては膨大な研究があり, それらを解説することはできないが (たとえば [75] とその参考文献), 本章では「もし Hodge 予想が正しかったら, $\overline{\mathbb{Q}}$ 上定義された滑らかな射影多様体 X のホモロジーサイクル $\eta \in H_k(X^{\mathrm{an}}, \mathbb{Q})$ が代数的サイクルかどうかを判定するアルゴリズムが存在する」という結果を Simpson [67] に従って紹介する.

代数幾何や数論の抽象的な概念を使って記述される最も深い問題も, ほぐしてみると積分が等しいかどうか, という素朴な周期の 0-認識問題と関係していることをみたい.

6.1 層, コホモロジー, 超コホモロジー

本節では位相空間上の層とコホモロジー, 層の複体の超コホモロジーに関して復習する. 以下の記述は主に [27] を参考にしている.

まず位相空間 X の上の (アーベル群の) **前層 (Presheaf)** $\mathcal{F}$ とは開集合 $U \subset X$ に対してアーベル群 $\mathcal{F}(U)$ が対応し, 部分開集合 $V \subset U$ に対して制限準同型

$$\rho_V^U : \mathcal{F}(U) \longrightarrow \mathcal{F}(V)$$

が定まり, ρ_U^U は恒等写像で $W \subset V \subset U$ に対して $\rho_W^U = \rho_W^V \circ \rho_V^U$ を満たすことであった. 前層 $\mathcal{F}$ の点 $p \in X$ における**茎 (stalk)** とはアーベル群の帰納極限

$$\mathcal{F}_p := \varinjlim_{U \ni p} \mathcal{F}(U)$$

である. 茎の元 $s \in \mathcal{F}_p$ を芽と呼ぶ. 茎の非交和を $E_{\mathcal{F}} = \bigsqcup_{p \in X} \mathcal{F}_p$ と書くことにする. 開集合 $U \subset X$ と $s \in \mathcal{F}(U)$ から決まる部分集合

$$s(U) := \{s(p) \in E_{\mathcal{F}} \mid p \in U\} \subset E_{\mathcal{F}}$$

を開基とするような $E_{\mathcal{F}}$ の位相を考える. この位相空間を**エタール空間**と呼ぶ. エタール空間 $E_{\mathcal{F}}$ から X へは自然な射影 $\pi : E_{\mathcal{F}} \supset \mathcal{F}_p \ni s \longmapsto p \in X$ が定まる. $\pi : E_{\mathcal{F}} \longrightarrow X$ は連続写像である. 開集合 $U \subset X$ に対して, U 上の $\pi : E_{\mathcal{F}} \longrightarrow X$ の連続切断全体の集合を

$$\mathcal{F}^+(U) := \{s : U \to E_{\mathcal{F}} \mid s \text{ は連続で } \pi \circ s = \mathrm{id}_U\}$$

と置く. $\mathcal{F}^+(U)$ は自然にアーベル群の構造を持ち, $i_U : \mathcal{F}(U) \longrightarrow \mathcal{F}^+(U)$ という自然な準同型を持つ. i_U が任意の開集合 $U \subset X$ に対して同型になるとき, 前層 $\mathcal{F}$ は**層** (Sheaf) であるといわれる. $\mathcal{F}^+$ は層となり, $\mathcal{F}$ の層化と呼ばれる. 層 $\mathcal{F}_1, \mathcal{F}_2$ の間の準同型 $f : \mathcal{F}_1 \longrightarrow \mathcal{F}_2$ とは各開集合 U ごとに定まるアーベル群の準同型 $f_U : \mathcal{F}_1(U) \longrightarrow \mathcal{F}_2(U)$ の族 $f = \{f_U\}_{U \subset X}$ であって, 制限写像と可換であるもののことである. 層の準同型 $f : \mathcal{F}_1 \longrightarrow \mathcal{F}_2$ が与えられたとき, 開集合 $U \subset X$ に対して, 二つの前層

$$U \longmapsto \ker(f_U : \mathcal{F}_1(U) \longrightarrow \mathcal{F}_2(U))$$

$$U \longmapsto \mathrm{im}(f_U : \mathcal{F}_1(U) \longrightarrow \mathcal{F}_2(U))$$

が定義される. この前層を層化したものをそれぞれ層の準同型 f の核および像と呼び, $\ker(f), \mathrm{im}(f)$ と表す. このように, 層に対して準同型やその核, 像, 部分層, 商などが定義され, アーベル群の場合と同様に完全系列, 複体などが定義される.

層 $\mathcal{F}$ に対して, 前層 $\mathcal{C}^0 \mathcal{F}$ を

$$(\mathcal{C}^0 \mathcal{F})(U) = \prod_{p \in U} \mathcal{F}_p$$

で定める. これは $\mathcal{F}$ のエタール空間からの射影 $\pi : E_{\mathcal{F}} \longrightarrow X$ の連続とは限らない切断全体であり, $\mathcal{C}^0 \mathcal{F}$ は層となる. 構成から自然な層の準同型 $\mathcal{F} \longrightarrow \mathcal{C}^0 \mathcal{F}$ があるが, この準同型の余核 $\mathrm{cok}(\mathcal{F} \longrightarrow \mathcal{C}^0 \mathcal{F}) = \mathcal{C}^0 \mathcal{F}/\mathcal{F}$ に $\mathcal{C}^0$ を施したものを

$$\mathcal{C}^1 \mathcal{F} := \mathcal{C}^0(\mathcal{C}^0 \mathcal{F}/\mathcal{F})$$

と置く. 以下帰納的に,

$$\mathcal{C}^{k+1} \mathcal{F} := \mathcal{C}^0 \left(\mathrm{cok}(\mathcal{C}^{k-1} \mathcal{F} \longrightarrow \mathcal{C}^k \mathcal{F}) \right)$$

と定めることにより, 長完全系列

$$0 \longrightarrow \mathcal{F} \longrightarrow \mathcal{C}^0 \mathcal{F} \longrightarrow \mathcal{C}^1 \mathcal{F} \longrightarrow \cdots \longrightarrow \mathcal{C}^k \mathcal{F} \longrightarrow \cdots \tag{6.1}$$

が得られる. 完全列 (6.1) を ($\mathcal{F}$ の) **Godement 分解**と呼ぶ. Godement 分解 (6.1) の X 上の大域切断をとるとアーベル群の複体

$$0 \longrightarrow (\mathcal{C}^0 \mathcal{F})(X) \longrightarrow (\mathcal{C}^1 \mathcal{F})(X) \longrightarrow \cdots \longrightarrow (\mathcal{C}^k \mathcal{F})(X) \longrightarrow \cdots \tag{6.2}$$

が得られる.

定義 6.1 複体 (6.2) の k 次のコホモロジーを位相空間 X 上の層 $\mathcal{F}$ の k 次のコホモロジーといい，$H^k(X, \mathcal{F})$ で表す．

$$H^k(X, \mathcal{F}) = h^k((\mathcal{C}^\bullet \mathcal{F})(X)) = \frac{\ker((\mathcal{C}^k \mathcal{F})(X) \longrightarrow (\mathcal{C}^{k+1} \mathcal{F})(X))}{\operatorname{im}((\mathcal{C}^{k-1} \mathcal{F})(X) \longrightarrow (\mathcal{C}^k \mathcal{F})(X))}.$$

注意 6.1 本書では，小文字の $h^k(-)$ はアーベル群の複体のコホモロジー群をとる操作 (ker/im) を表す．層の複体のコホモロジー層は $\mathcal{H}^k(-)$ で表す．一方大文字の $H^k(-), \mathbb{H}^k(-)$ などは，それぞれ個別に定義されるコホモロジーである．

次に二重複体の全複体について思い出しておく．$(K^{i,j}, d_1, d_2)_{i,j \geq 0}$ が (アーベル群の)2 重複体であるとは，$K^{i,j}$ がアーベル群で，

$$d_1 : K^{i,j} \longrightarrow K^{i+1,j}, \; d_2 : K^{i,j} \longrightarrow K^{i,j+1}$$

がアーベル群の準同型で $d_1^2 = d_2^2 = 0, d_1 d_2 = d_2 d_1$ を満たすことであった．2 重複体 $(K^{i,j}, d_1, d_2)_{i,j \geq 0}$ に対して

$$K^k := \bigoplus_{i+j=k} K^{i,j},$$

$$D := d_1 + (-1)^p d_2,$$

と置くと，$(K^k, D)_{k \geq 0}$ はアーベル群の複体となる．これを $(K^{i,j}, d_1, d_2)_{i,j \geq 0}$ の**全複体**と呼ぶ．

再び位相空間 X 上の層の話に戻る．

$$(\mathcal{L}^\bullet, d) : 0 \longrightarrow \mathcal{L}^0 \xrightarrow{d} \mathcal{L}^1 \xrightarrow{d} \mathcal{L}^2 \xrightarrow{d} \cdots \longrightarrow \mathcal{L}^j \xrightarrow{d} \mathcal{L}^{j+1} \longrightarrow \cdots \quad (6.3)$$

を X 上の層の複体とする．このとき，層の準同型 $d : \mathcal{L}^j \longrightarrow \mathcal{L}^{j+1}$ は自然に層の準同型 $d_2 : \mathcal{C}^i \mathcal{L}^j \longrightarrow \mathcal{C}^i \mathcal{L}^{j+1}$ を導く．合成は $d_2^2 = 0$ となり，$(\mathcal{C}^i \mathcal{L}^j, d_1, d_2)$ は層の 2 重複体となる．($d_1 : \mathcal{C}^i \mathcal{L}^j \longrightarrow \mathcal{C}^{i+1} \mathcal{L}^j$ は Godement 分解 (6.1) の微分である．) この 2 重複体の大域切断の全複体のコホモロジーを層の複体 (6.3) の**超コホモロジー**と呼ぶ．

定義 6.2 $(\mathcal{L}^\bullet, d)$ を位相空間 X 上の層の複体とする. アーベル群の 2 重複体 $((\mathcal{C}^i\mathcal{L}^j)(X), d_1, d_2)$ の全複体

$$K^k := \bigoplus_{i+j=k} (\mathcal{C}^i\mathcal{L}^j)(X),$$

$$D := d_1 + (-1)^i d_2$$

の k 次のコホモロジーを層の複体 $(\mathcal{L}^\bullet, d)$ の k 次の**超コホモロジー**と呼び,

$$\mathbb{H}^k(X, \mathcal{L}^\bullet) := h^k(K^\bullet, D)$$

と書く.

以上超コホモロジーの定義までを駆け足で見てきた. しかし上の定義に従うと, 超コホモロジーを計算するには層の複体の Godement 分解をとり, 大域切断をとり, 全複体をとり, コホモロジーを計算する, というステップをたどることになる. この定義にしたがって計算することは絶望的である. Godement 分解を使わない表示として, スペクトル系列を使うものと, Čech コホモロジーを使った計算方法が知られている. まず二重複体のスペクトル系列の一般論から次が分かる.

命題 6.3 $(\mathcal{L}^\bullet, d)$ を位相空間 X 上の層の複体とする. $\mathcal{H}^p := \mathcal{H}^p(\mathcal{L}^\bullet, d)$ を複体 $(\mathcal{L}^\bullet, d)$ の p 次のコホモロジー層とする. このとき, 超コホモロジー群 $\mathbb{H}^*(X, \mathcal{L}^\bullet)$ は, 次の二つのそれぞれのスペクトル系列の極限となる.

(i)
$$\begin{aligned}{}^I E_1^{p,q} &= (\mathcal{C}^p\mathcal{H}^q)(X) \\ {}^I E_2^{p,q} &= H^p(X, \mathcal{H}^q)\end{aligned} \tag{6.4}$$

(ii)
$$\begin{aligned}{}^{II} E_1^{p,q} &= H^p(X, \mathcal{L}^q) \\ {}^{II} E_2^{p,q} &= h^p(H^p(X, \mathcal{L}^\bullet), d)\end{aligned} \tag{6.5}$$

次に Čech コホモロジーを使った計算をみよう. $\mathfrak{U} = \{U_\alpha\}_{\alpha \in A}$ を X の開被覆とする. (A には全順序が入っているとする.) 有限個の元 $\alpha_0, \cdots, \alpha_p \in A$ に

対して, $U_{\alpha_0\cdots\alpha_p} = U_{\alpha_0} \cap \cdots \cap U_{\alpha_p}$ はそれらの共通部分とする. X 上の層 $\mathcal{F}$ に対して,

$$\check{C}^p(\mathfrak{U}, \mathcal{F}) := \prod_{\alpha_0 < \cdots < \alpha_p} \mathcal{F}(U_{\alpha_0\cdots\alpha_p}), \tag{6.6}$$

と置く. 微分 $\delta : \check{C}^p(\mathfrak{U}, \mathcal{F}) \longrightarrow \check{C}^{p+1}(\mathfrak{U}, \mathcal{F})$ を $\omega \in \check{C}^p(\mathfrak{U}, \mathcal{F})$ に対して,

$$(\delta\omega)_{\alpha_0\cdots\alpha_p\alpha_{p+1}} = \sum_{i=0}^{p+1} (-1)^i \omega_{\alpha_0\cdots\widehat{\alpha_i}\cdots\alpha_{p+1}}, \tag{6.7}$$

で定めると, $(\check{C}^p, \delta)_{p \geq 0}$ は複体となる. この複体のコホモロジーを Čech コホモロジーと呼ぶ.

定義 6.4 位相空間 X とその開被覆 $\mathfrak{U}$ と層 $\mathcal{F}$ に対して,

$$\check{H}^k(\mathfrak{U}, \mathcal{F}) := h^k(\check{C}^\bullet(\mathfrak{U}, \mathcal{F}), \delta)$$

を開被覆 $\mathfrak{U}$ に付随した層 $\mathcal{F}$ の **Čech コホモロジー**という.

定義 6.5 開被覆 $\mathfrak{U} = \{U_\alpha\}_{\alpha \in A}$ が層 $\mathcal{F}$ に対して**非輪状被覆** (acyclic covering) であるとは, 任意の有限個の $\alpha_0, \cdots, \alpha_p \in A$ に対して,

$$H^k(U_{\alpha_0\cdots\alpha_p}, \mathcal{F}) = 0, \quad \forall k > 0,$$

が成り立つこととする.

$(\mathcal{L}^\bullet, d)$ を位相空間 X 上の層の複体として, $\mathfrak{U} = \{U_\alpha\}_{\alpha \in A}$ を X の開被覆とする. このとき,

$$(\check{C}^i(\mathfrak{U}, \mathcal{L}^j), \delta, d)$$

はアーベル群の二重複体となる. この二重複体の全複体を $(K^\bullet, D)$ のコホモロジーを層の複体 $(\mathcal{L}^\bullet, d)$ の開被覆 $\mathfrak{U}$ に関する Čech コホモロジーと呼び,

$$\check{H}^k(\mathfrak{U}, \mathcal{L}^\bullet) := h^k(K^\bullet, D)$$

で表す.

非輪状被覆をとることは様々なコホモロジーの計算に有効であり, 超コホモロジーの計算にも使うことができる. 次の定理はたとえば [27] 参照.

定理 6.6　$(\mathcal{L}^\bullet, d)$ を位相空間 X 上の層の複体として，開被覆 $\mathfrak{U} = \{U_\alpha\}_{\alpha \in A}$ は任意の $p \geq 0$ に対して，$\mathcal{L}^p$ に関して非輪状であると仮定する．このとき

$$\check{H}^k(\mathfrak{U}, \mathcal{L}^\bullet) \simeq \mathbb{H}^k(X, \mathcal{L}^\bullet)$$

が成り立つ．

問題 6.1　上の超コホモロジーの定義が計算に向いていないように見えるのは，Godement 分解で「任意の切断」をとっている点に由来しているように見える．代わりに「構成可能切断」とか「半代数的切断」のような制限を加えて，計算できないか？

6.2　代数的 de Rham コホモロジー

本節では Grothendieck の周期予想や Hodge 予想を定式化する際に必要な概念を説明する．

まず射影多様体の定義をする．$f_1, \cdots, f_p \in \overline{\mathbb{Q}}[x_0, x_1, \cdots, x_n]$ を $\overline{\mathbb{Q}}$ 上の p 個の斉次多項式とする．これらの共通零点として代数的集合

$$X = V(f_1, \cdots, f_p) = \{\boldsymbol{x} \in \mathbb{CP}^n \mid f_1(\boldsymbol{x}) = \cdots = f_p(\boldsymbol{x}) = 0\}$$

が定まる．射影空間 $\mathbb{CP}^n$ には二種類の典型的な位相が入る．一つは多項式の零点集合 $V(g_1, \cdots, g_k) \subset \mathbb{CP}^n$ $(g_i \in \overline{\mathbb{Q}}[x_0, \cdots, x_n])$ を閉集合とするような **Zariski 位相**．もう一つは，$\mathbb{CP}^n$ の複素多様体としての解析的位相 (または古典的位相) である．代数的集合 $X \subset \mathbb{CP}^n$ にも二種類の位相が誘導されるが，通常は Zariski 位相を考えることにし，解析的位相を考える場合は，X^{an} と記すことにする．基礎となる集合の恒等写像により，$X^{\mathrm{an}} \longrightarrow X$ という連続写像が存在する．X^{an} が $\mathbb{CP}^n$ の (特異点のない) 複素部分多様体になるとき，X は $\overline{\mathbb{Q}}$ 上定義された滑らかな射影多様体と呼ばれる．第 4 章 §4.4 で見たように，射影多様体は $\mathbb{R}^N$ に実代数的集合として埋め込むことができ，X^{an} のホモロジーやコホモロジーは三角形分割を使って具体的に記述することができる．

射影多様体の**代数的 de Rham** コホモロジーを定義する ([34])．$X \subset \mathbb{CP}^n$ を $\overline{\mathbb{Q}}$ 上定義された射影多様体として，$\Omega^p_{X, \overline{\mathbb{Q}}}$ を代数的 p 次形式の層とする．外微分 $d: \Omega^p_{X, \overline{\mathbb{Q}}} \longrightarrow \Omega^{p+1}_{X, \overline{\mathbb{Q}}}$ は層の準同型となり，$(\Omega^\bullet_{X, \overline{\mathbb{Q}}}, d)$ は層の複体となる．

定義 6.7 ([34]) $\mathbb{H}^k(X, \Omega_{X,\overline{\mathbb{Q}}}^\bullet)$ を X 上の k 次の**代数的 de Rham** コホモロジーと呼ぶ.

複体 $\Omega_{X,\overline{\mathbb{Q}}}^\bullet$ の代わりに p 次の部分から始まる複体 $F^p\Omega_{X,\overline{\mathbb{Q}}}^\bullet$

$$F^p\Omega_{X,\overline{\mathbb{Q}}}^i = \begin{cases} \Omega_{X,\overline{\mathbb{Q}}}^i & i \geq p \\ 0 & i < p \end{cases}$$

を考える. この複体から元の複体 $\Omega_{X,\overline{\mathbb{Q}}}^\bullet$ へは自然な複体の準同型 (以下スペースの節約のため $\overline{\mathbb{Q}}$ を省略する)

$$\begin{array}{ccccccccc} F^p\Omega_X^\bullet : & \cdots & \longrightarrow & 0 & \longrightarrow & \Omega_X^p & \longrightarrow & \Omega_X^{p+1} & \longrightarrow & \cdots \\ & & & \downarrow & & \downarrow & & \downarrow & & \downarrow & & \\ \Omega_X^\bullet : & \cdots & \longrightarrow & \Omega_X^{p-1} & \longrightarrow & \Omega_X^p & \longrightarrow & \Omega_X^{p+1} & \longrightarrow & \cdots \end{array} \quad (6.8)$$

が定まる. これより超コホモロジーの間の準同型 $\mathbb{H}^k(X, F^p\Omega_X^\bullet) \longrightarrow \mathbb{H}^k(X, \Omega_X^\bullet)$ が得られ, その像を

$$F^p\mathbb{H}^k(X, \Omega_X^\bullet) := \mathrm{im}\left(\mathbb{H}^k(X, F^p\Omega_X^\bullet) \longrightarrow \mathbb{H}^k(X, \Omega_X^\bullet)\right)$$

と置く. この像により代数的 de Rham コホモロジーに定まるフィルトレーション

$$\mathbb{H}^k(X, \Omega_X^\bullet) = F^0\mathbb{H}^k(X, \Omega_X^\bullet) \supset F^1\mathbb{H}^k(X, \Omega_X^\bullet) \supset \cdots \supset F^{k+1}\mathbb{H}^k(X, \Omega_X^\bullet) = 0$$

を **Hodge** フィルトレーションと呼ぶ.

抽象周期環 (第 2 章 §2.3) を定義する際に使った相対 de Rham コホモロジーの定義もしておこう (以下の記述は [31] に従っている).

X を滑らかな射影多様体として, $D = \sum_{i=1}^r D_i$ を正規交叉因子とする. $I \subset \{1, 2, \cdots, r\}$ に対して, $D_I := \bigcap_{i \in I} D_i$ と置く. $i : D_I \hookrightarrow X$ を自然な埋め込み写像として, 次の二重複体を考える.

$$\bigoplus_a i_*\Omega_{D_a}^\bullet \xrightarrow{\delta} a\bigoplus_{a<b} i_*\Omega_{D_{ab}}^\bullet \xrightarrow{\delta} \bigoplus_{a<b<c} i_*\Omega_{D_{abc}}^\bullet \xrightarrow{\delta} \cdots \quad (6.9)$$

δ は Čech 複体の場合と同様に,

$$(\delta(\omega_a))_{ab} = \omega_a|_{D_{ab}} - \omega_b|_{D_{ab}},$$

$$(\delta(\omega_{ab}))_{abc} = \omega_a|_{D_{ab}} - \omega_a|_{D_{ac}} + \omega_b|_{D_{bc}}, \cdots$$

と定義される.この二重複体の全複体を $\widetilde{\Omega}_D^\bullet$, 微分を $D: \widetilde{\Omega}_D^\bullet \longrightarrow \widetilde{\Omega}_D^{\bullet+1}$ と書く.制限写像から $f: \Omega_X^\bullet \longrightarrow \bigoplus_a i_*\Omega_{D_a}^\bullet$ という自然な層の準同型があり,これから層の複体の準同型 $f: \Omega_X^\bullet \longrightarrow \widetilde{\Omega}_D^\bullet$ が得られる.相対 de Rham 複体を

$$\widetilde{\Omega}_{X,D}^\bullet = \widetilde{\Omega}_D^{\bullet-1} \oplus \widetilde{\Omega}_X^\bullet$$

で定め,微分 $d: \widetilde{\Omega}_{X,D}^\bullet \longrightarrow \widetilde{\Omega}_{X,D}^{\bullet+1}$ を $d(\theta,\omega) = (-D(\theta) + f(\omega), d\omega)$ で定める.

定義 6.8 $\mathbb{H}^k(X, \widetilde{\Omega}_{X,D}^\bullet)$ を (X,D) の k 次の**代数的相対 de Rham コホモロジー**と呼ぶ.

次に Grothendieck の代数的 de Rham 定理を述べる.X を $\overline{\mathbb{Q}}$ 上定義された滑らかな代数多様体とする.(ここでは X は射影多様体とは限らない,一般の,$\overline{\mathbb{Q}}$ 上定義されたアフィン代数多様体を貼り合わせてできる代数多様体を考えている.) このとき射影多様体のときと同様に,対応する複素多様体 X^{an} を考えることができる.Grothendieck の代数的 de Rham 定理は,X から純代数的に定義される代数的 de Rham コホモロジー (を $\otimes \mathbb{C}$ したもの) と X^{an} から位相的に定義されるコホモロジーが同型になることを主張している.

定理 6.9 X を $\overline{\mathbb{Q}}$ 上定義された滑らかな代数多様体とする.このとき,同型

$$\mathbb{H}^k(X, \Omega_{X,\overline{\mathbb{Q}}}^\bullet) \bigotimes_{\overline{\mathbb{Q}}} \mathbb{C} \simeq H^k(X^{\mathrm{an}}, \mathbb{C}), \tag{6.10}$$

が成立する.

この定理の証明はしない ([27] に大変詳しく解説されている) が,あとで同型対応の具体的な作り方だけ説明する.

定理 6.9 は様々な帰結を持つがその一つに,アフィン代数多様体上の de Rham コホモロジーの記述がある.X が $\overline{\mathbb{Q}}$ 上定義された滑らかなアフィン多様体とする.このとき,$\Omega_{X,\overline{\mathbb{Q}}}^q$ は連接層なので,Serre の消滅定理から $p > 0$ に対して,

$H^p(X, \Omega_{X,\overline{\mathbb{Q}}}^q) = 0$ である. ここで命題 6.3 のスペクトル系列 (6.5) を思い出そう. $^{II}E_1^{p,q} = H^p(X, \Omega_{X,\overline{\mathbb{Q}}}^q)$ より, このスペクトル系列は E_2 退化する. よって, 代数的 de Rham コホモロジーは, 大域切断の複体 $\Omega_{X,\overline{\mathbb{Q}}}^\bullet(X)$ のコホモロジーとなる.

定理 6.10 X が $\overline{\mathbb{Q}}$ 上定義された滑らかなアフィン多様体のとき,
$$\mathbb{H}^k(X, \Omega_{X,\overline{\mathbb{Q}}}^\bullet) \simeq h^k(\Omega_{X,\overline{\mathbb{Q}}}^\bullet(X))$$
特に,
$$h^k(\Omega_{X,\overline{\mathbb{Q}}}^\bullet(X)) \bigotimes_{\overline{\mathbb{Q}}} \mathbb{C} \simeq H^k(X^{\mathrm{an}}, \mathbb{C}).$$

一般の滑らかな代数多様体に対しては, X をアフィン開集合の和集合 $X = \bigcup_{\alpha \in A} U_\alpha$ として表すことで, Serre の消滅定理を応用することができる. (代数多様体の分離性から) アフィン開集合の有限個の共通部分 $U_{\alpha_0 \cdots \alpha_k} = U_{\alpha_0} \cap \cdots U_{\alpha_k}$ もアフィン開集合となることが分かり, その上の連接層 $\Omega_{X,\overline{\mathbb{Q}}}^q$ の高次のコホモロジーが消えるので, $\mathfrak{U} = \{U_\alpha\}_{\alpha \in A}$ が非輪状被覆となり, 定理 6.6 を使って超コホモロジーを求めることができる. つまり, アーベル群の二重複体 $\check{C}^p(\mathfrak{U}, \Omega_{X,\overline{\mathbb{Q}}}^q)$ の全複体 $K^\bullet$ のコホモロジーが代数的 de Rham コホモロジーと同型になるのである.
$$\mathbb{H}^k(X, \Omega_{X,\overline{\mathbb{Q}}}^\bullet) \simeq \check{H}(\mathfrak{U}, \Omega_{X,\overline{\mathbb{Q}}}^\bullet) \simeq h^k(K^\bullet). \tag{6.11}$$

Grothendieck の de Rham 定理 6.9 の同型 (6.10) を具体的に与える前に, 複素射影多様体 (または Kähler 多様体) の de Rham コホモロジーに入る Hodge フィルトレーションについて思い出しておく. X を複素多様体として, A_X^k を $(C^\infty$ 級$)k$-次微分形式の層, $A_X^{p,q}$ を X 上の (p, q) 型微分形式の層とする. $\overline{\partial}$ 作用素によって層の複体 $A_X^{p,\bullet}$ が定義され, この大域切断のなすアーベル群の複体のコホモロジーを (p, q) 次の **Dolbeault** コホモロジーという.
$$H^{p,q}(X) = h^q(A_X^{p,\bullet}(X), \overline{\partial}).$$
Dolbeault の定理により, $H^{p,q}(X) \simeq H^q(X, \Omega_X^p)$ となることが知られている.

k 次微分形式の層は $A_X^k = \bigoplus_{p+q=k} A_X^{p,q}$ と分解するので, 次のような部分層

$$F^p A_X^k := \bigoplus_{\substack{i+j=k \\ i \geq p}} A_X^{i,j}$$

を考えることができる. 写像 $F^p A_X^\bullet \longrightarrow A_X^\bullet$ が誘導する大域切断のコホモロジーの写像 $h^q(F^p A_X^\bullet(X)) \longrightarrow h^q(A_X^\bullet(X)) \simeq H^q(X, \mathbb{C})$ の像を $F^p H^q(X, \mathbb{C})$ と表す. このように定まる $H^q(X, \mathbb{C})$ のフィルトレーション

$$H^q(X, \mathbb{C}) = F^0 H^q(X, \mathbb{C}) \supset F^1 H^q(X, \mathbb{C}) \supset \cdots \supset F^{q+1} H^q(X, \mathbb{C}) = 0$$

を Hodge フィルトレーションという. X がコンパクト Kähler 多様体の場合は, 調和形式の理論より, de Rham コホモロジーが Dolbeault コホモロジーに分解

$$H^k(X, \mathbb{C}) = \bigoplus_{i+j=k} H^{i,j}(X) \tag{6.12}$$

することが分かる. また Hodge filtration は

$$F^p H^k(X, \mathbb{C}) = \bigoplus_{\substack{i+j=k \\ i \geq p}} H^{i,j}(X) \tag{6.13}$$

で与えられることも分かる. 滑らかな複素射影代数多様体はコンパクト Kähler 多様体なので, (6.12) および (6.13) が成り立つ.

Grothendieck の de Rham 定理 6.9 の同型の与え方を説明する. 実は同型 (6.10) は単なるベクトル空間の同型ではなく, より精密に Hodge フィルトレーションを込めた同型であることが知られている. ここでは X が滑らかな複素射影多様体の場合に同型

$$F^1 \mathbb{H}^2(X, \Omega_{X, \mathbb{C}}^\bullet) \xrightarrow{\simeq} F^1 H^1(X^{\mathrm{an}}, \mathbb{C}) = H^{1,1}(X^{\mathrm{an}}) \oplus H^{2,0}(X^{\mathrm{an}})$$

の具体的な与え方を説明する. まず X のアフィン開被覆 $\mathfrak{U} = \{U_\alpha\}_{\alpha \in A}$ を固定する. 層の複体 $F^p \Omega_X^\bullet$ の定義 (6.8) を思い出すと, Hodge フィルトレーション $F^1 \mathbb{H}^2(X, \Omega_{X, \mathbb{C}}^\bullet)$ を定理 6.6 を使って計算するには, 次の二重複体の全複体の 2 次のコホモロジーを計算すればよいのであった.

$$
\begin{array}{ccccccc}
\vdots & & \vdots & & \vdots & & \\
\uparrow & & \uparrow & & \uparrow & & \\
0 & \longrightarrow & \check{C}^2(\mathfrak{U},\Omega_X^1) & \longrightarrow & \check{C}^2(\mathfrak{U},\Omega_X^2) & \longrightarrow & \cdots \\
\uparrow & & \uparrow & & \uparrow & & \\
0 & \longrightarrow & \check{C}^1(\mathfrak{U},\Omega_X^1) & \longrightarrow & \check{C}^1(\mathfrak{U},\Omega_X^2) & \longrightarrow & \cdots \\
\uparrow & & \uparrow & & \uparrow & & \\
0 & \longrightarrow & \check{C}^0(\mathfrak{U},\Omega_X^1) & \longrightarrow & \check{C}^0(\mathfrak{U},\Omega_X^2) & \longrightarrow & \cdots
\end{array}
\qquad (6.14)
$$

$F^1\mathbb{H}^2(X,\Omega_{X,\mathbb{C}}^\bullet)$ の元は一般にコサイクル $((\eta_{\alpha_0,\alpha_1}),(\omega_{\alpha_0})) \in \check{C}^1(\mathfrak{U},\Omega_X^1) \oplus \check{C}^0(\mathfrak{U},\Omega_X^2)$ で代表される. コサイクル条件は,

$$d\omega_{\alpha_0} = 0 \qquad (6.15)$$
$$d\eta_{\alpha_0,\alpha_1} = \omega_{\alpha_0} - \omega_{\alpha_1} \qquad (6.16)$$
$$\delta(\eta_{\alpha_0,\alpha_1}) = \eta_{\alpha_0,\alpha_1} - \eta_{\alpha_0,\alpha_2} - \eta_{\alpha_1,\alpha_2} = 0 \qquad (6.17)$$

である. (ただし, δ は Čech 複体の微分写像.) まず (6.17) から, 1 の分割を使って, 微分可能な $(1,0)$ 形式の Čech 複体の元 $\theta_{\alpha_0} \in \check{C}^0(\mathfrak{U}, A_X^{1,0})$ であって,

$$\eta_{\alpha_0,\alpha_1} = \delta(\theta_{\alpha_0}) = \theta_{\alpha_0} - \theta_{\alpha_1} \qquad (6.18)$$

となるものが存在する. これの外微分をとり, (6.16) に代入すると,

$$\omega_{\alpha_0} - d\theta_{\alpha_0} = \omega_{\alpha_1} - d\theta_{\alpha_1} \qquad (6.19)$$

が成立する. これは U_α 上での切断 $\omega_\alpha - d\theta_\alpha \in A_X^{1,1}(U_\alpha) \oplus A_X^{2,0}(U_\alpha)$ が共通部分で一致していることを意味するので, X 上の大域切断 $\omega \in A_X^{1,1}(X) \oplus A_X^{2,0}(X)$ を定める. (6.15) より ω は閉形式なので, ω が de Rham コホモロジーの元 $[\omega] \in F^1H^2(X^{\mathrm{an}},\mathbb{C})$ を定める. 一般の場合も上と同様に,

- 1 の分割を使って, 図式 (6.14) の中で縦に一つ下がる.
- 外微分で右に一つ動く.

という操作を繰り返すことで大域的な微分形式を作ることができる.

注意 6.2 微分可能性に関する注意をしておく. 上の操作では, 右に一つ動

く際に外微分をとるので，最初の 1 の分割を十分に微分可能なようにとっておく必要がある．しかし C^∞ 級でとる必要はなく，たとえば外微分をとる回数が r 回なら，最初の 1 の分割を C^r 級でとっておけばよい．あとで第 6.6 節で全ての操作を $\overline{\mathbb{Q}}$ 上の半代数的関数の範囲で行う必要があるのだが，有限の r に対しては，C^r 級の 1 の分割を $\overline{\mathbb{Q}}$ 上半代数的な関数の範囲で構成することができる．

6.3 代数曲線上の代数的 de Rham コホモロジーとその積分

代数的 de Rham コホモロジー類を有理ホモロジーサイクル上で積分して得られる値をコホモロジー類の**周期**と呼ぶ．正確には代数的 de Rham コホモロジー類を同型 (6.10) で古典的な位相に関するコホモロジー類に写してから積分することになるので，その計算は簡単ではない．次節で述べる Grothendieck の周期予想はこれらの周期の間に成立する関係式に関する予想であるが，その導入として，本節では代数曲線の場合を少し詳しく見ておこう．(以下の記述は [25, §1] を参考にしている.)

C を $\overline{\mathbb{Q}}$ 上定義された滑らかな代数曲線とする．C^{an} は対応する Riemann 面である．まずアフィン開被覆 $\mathfrak{U} = \{U_1, U_2\}$ をとる．代数曲線のアフィン開集合は C から有限個の点を除いた補集合なので，

$$U_1 = C \setminus \{p_1, \cdots, p_k\},$$
$$U_2 = C \setminus \{q_1, \cdots, q_\ell\},$$

と置く．

命題 6.11 2 次の代数的 de Rham コホモロジー類 $\omega \in \mathbb{H}^2(C, \Omega^\bullet_{C,\overline{\mathbb{Q}}})$ が上の開被覆を使って $\omega \in \check{C}^1(\mathfrak{U}, \Omega^1_{C,\overline{\mathbb{Q}}})$ 与えられているとする ($\omega \in \check{C}^0(\mathfrak{U}, \Omega^2_{C,\overline{\mathbb{Q}}}) = 0$ に注意．ω は $U_1 \cap U_2$ 上の正則微分形式である)．このとき，対応するコホモロジー類 $[\omega] \in H^2(C^{\mathrm{an}}, \mathbb{C})$ の基本類 $[C^{\mathrm{an}}] \in H_2(X^{\mathrm{an}}, \mathbb{Q})$ 上での積分は

$$\int_{[C^{\mathrm{an}}]} [\omega] = -2\pi\sqrt{-1} \cdot \sum_{i=1}^k \mathrm{Res}_{p_i}(\omega) = 2\pi\sqrt{-1} \cdot \sum_{j=1}^\ell \mathrm{Res}_{q_i}(\omega), \qquad (6.20)$$

で与えられる．

証明 開被覆 $\mathfrak{U}^{\mathrm{an}} = \{U_1^{\mathrm{an}}, U_2^{\mathrm{an}}\}$ に関する 1 の分割 ρ_1, ρ_2, すなわち, $\rho_i : C^{\mathrm{an}} \longrightarrow \mathbb{R}$ で, $\mathrm{Supp}(\rho_i) \subset U_i$ かつ $\rho_1 + \rho_2 \equiv 1$ となる滑らかな関数を固定する. 定義より ρ_1 は q_i の近傍では恒等的に 1 を値にとり, p_i の近傍では恒等的に 0 をとることに注意する.

このとき, $\theta = (\rho_2\omega, -\rho_1\omega) \in \check{C}^0(\mathfrak{U}^{\mathrm{an}}, A_{C^{\mathrm{an}}}^{1,0})$ と置くと, $\delta(\theta) = \omega$ である. $d\omega = 0$ より, $d(\rho_2\omega) = d(-\rho_1\omega) = \eta \in A_{C^{\mathrm{an}}}^{1,1}(C^{\mathrm{an}})$ は大域的な $(1,1)$ 形式であり, これが de Rham 同型 (6.10) の像となる 2 次微分形式であった.

ε を十分小さな正の実数として, $D_{i,\varepsilon}$ を点 p_i を中心とする半径 ε の円盤, $E_{j,\varepsilon}$ を点 q_j を中心とする半径 ε の円盤, として,

$$C_\varepsilon = C^{\mathrm{an}} \setminus \left(\bigcup_{i=1}^k D_{i,\varepsilon} \cup \bigcup_{j=1}^\ell E_{j,\varepsilon} \right)$$

とする. $-\rho_1\omega$ は X_ε 上では C^∞ 級の 1 次微分形式なので, Stokes の定理より

$$\int_{C_\varepsilon} d(-\rho_1\omega) = \int_{\partial C_\varepsilon} (-\rho_1\omega)$$
$$= \sum_{i=1}^k \int_{\partial D_{i,\varepsilon}} (\rho_1\omega) + \sum_{j=1}^\ell \int_{\partial E_{j,\varepsilon}} (\rho_1\omega).$$

ここで ε が十分小さいと, ρ_1 は $D_{i,\varepsilon}$ 上では恒等的に 0, $E_{j,\varepsilon}$ 上では恒等的に 1 となるので, これは $2\pi\sqrt{-1} \cdot \sum_{i=1}^k \mathrm{Res}_{q_i}(\omega)$ と等しくなる. コンパクト Riemann 面の留数定理から, $-2\pi\sqrt{-1} \cdot \sum_{j=1}^\ell \mathrm{Res}_{p_i}(\omega)$ とも等しい. □

次に 1 次のコホモロジー類とその積がどのようになるかを見る. 上と同様に $U = C^{\mathrm{an}} \setminus \{p_1, \cdots, p_k\}$ として, p_i の近傍の開円盤 D_i を互いに交わらないようにとり, $V = \bigcup_{i=1}^k D_i$ をその和集合とする. $C^{\mathrm{an}} = U \cup V$ に関する Mayer-Vietoris 完全系列より, 1 次のコホモロジー類に関する完全系列

$$\begin{array}{ccccccc} 0 & \longrightarrow & H^1(C^{\mathrm{an}}, \mathbb{C}) & \longrightarrow & H^1(U) \oplus H^1(V) & \longrightarrow & H^1(U \cap V) \\ & & & & & & \| \\ & & & & & & \bigoplus_{i=1}^k H^1(D_i^*). \end{array}$$
(6.21)

を得る.ただし,$D_i^* = D_i \setminus \{p_i\}$ である.V が円盤の和集合であることから,$H^1(V) = 0$ であることに注意すると,$H^1(C^{\mathrm{an}}, \mathbb{C})$ が

$$H^1(C^{\mathrm{an}}, \mathbb{C}) = \ker\left(H^1(U) \longrightarrow \bigoplus_{i=1}^{k} H^1(D_i^*)\right) \tag{6.22}$$

で与えられる.ここで Grothendieck のアフィン多様体に対する de Rham 定理 6.10 より,U はアフィン多様体なので,U 上の正則微分形式の de Rham 複体のコホモロジーとして表示できることを思い出そう.U 上の 1 次の正則微分形式 $\omega \in \Omega_U^1$ の $H^1(D_i^*)$ への制限が 0 になることは,$\mathrm{Res}_{p_i}(\omega) = 0$ と同値である.つまり C^{an} の 1 次のコホモロジーは,C^{an} 上の留数を持たない有理微分形式 (いわゆる**第二種微分**) で表すことができ,次の表示を得る.

$$\mathbb{H}^1(C, \Omega_{X,\overline{\mathbb{Q}}}^\bullet) = \left\{[\omega] \in \frac{\Omega^1_{C,\overline{\mathbb{Q}}}(U)}{d\mathcal{O}_{C,\overline{\mathbb{Q}}}(U)} \,\middle|\, \mathrm{Res}_{p_i}(\omega) = 0, (i = 1, \cdots, k)\right\} \tag{6.23}$$

この表示を使うと,1 次の代数的 de Rham コホモロジー類も有理微分形式で代表されることになる.ところでそれらが表すコホモロジー類の積は 2 次のコホモロジー類になるはずである.その積の積分も,留数を使って表示することができる.

命題 6.12 $\omega_1, \omega_2 \in \mathbb{H}^1(C, \Omega_{C,\overline{\mathbb{Q}}}^\bullet)$ が上のように,$p_1, \cdots, p_k$ で留数が 0 となる U 上の正則微分形式として表されているとする.このとき,

$$\int_{[C^{\mathrm{an}}]} [\omega_1] \wedge [\omega_2] = 2\pi\sqrt{-1} \cdot \sum_{i=1}^{k} \mathrm{Res}_{p_i}\left(\left(\int \omega_1\right) \omega_2\right) \tag{6.24}$$

となる.ただし,左辺の $[\omega_1] \wedge [\omega_2]$ は,対応する位相的なコホモロジー類 $[\omega_1], [\omega_2] \in H^1(C^{\mathrm{an}}, \mathbb{C})$ の積を表し,不定積分 $\int \omega_1$ は p_i の近傍での正則関数 F で $dF = \omega_1$ を満たすもののことである.

これの命題も上の命題 6.11 と同様に,1 の分割を使って de Rham 同型 (6.10) を具体的にみることで証明できる.詳細は省略する.

6.4 代数的サイクルと Grothendieck の周期予想

まず, 代数的サイクルの定義をする. $X \subset \mathbb{CP}^n$ を $\overline{\mathbb{Q}}$ 上定義された滑らかな射影代数多様体とする. $S \subset X$ を既約かつ Zariski 閉な代数的部分集合で $\dim_{\mathbb{C}} S = p$ とする. このとき, $[S^{\mathrm{an}}] \in H_{2p}(X^{\mathrm{an}}, \mathbb{Q})$ を S が定めるホモロジーサイクルとする.

定義 6.13 上の記号の下, X の Zariski 閉な代数的部分集合のホモロジー類 $[S^{\mathrm{an}}]$ で生成される $H_*(X^{\mathrm{an}}, \mathbb{Q})$ の元を**代数的サイクル**と呼ぶ.

例 6.1 $\mathbb{CP}^k \subset \mathbb{CP}^n$ を部分射影空間とすると, $[\mathbb{CP}^k] \in H_{2k}(\mathbb{CP}^n, \mathbb{Z})$ は $\mathbb{CP}^n$ の代数的サイクルである. $H_{2k}(\mathbb{CP}^n, \mathbb{Z})$ は $[\mathbb{CP}^k]$ で生成される.

代数的サイクルは定義から必ず偶数次のホモロジー群の元なので, 種数が 1 以上の Riemann 面 X の非自明な 1 次のホモロジーサイクル $\gamma \in H_1(X, \mathbb{Z})$ は代数的サイクルではない.

前節の Grothendieck の de Rham 定理 6.9 の重要な帰結として, 代数的 de Rham コホモロジー類を代数的サイクル上で積分した際の値に関する次の結果がある.

定理 6.14 (Grothendieck [34, 25]) X を $\overline{\mathbb{Q}}$ 上定義された滑らかな射影多様体として,

$$[\omega] \in \mathrm{im}\left(\mathbb{H}^{2k}(X, \Omega^{\bullet}_{X, \overline{\mathbb{Q}}}) \hookrightarrow H^{2k}(X^{\mathrm{an}}, \mathbb{C})\right) \tag{6.25}$$

とする. (この像は $\overline{\mathbb{Q}}$ ベクトル空間であることに注意.) $\gamma \in H_{2k}(X, \mathbb{Q})$ を代数的サイクルとするとき,

$$\int_{\gamma} \omega \in (2\pi\sqrt{-1})^k \cdot \overline{\mathbb{Q}}, \tag{6.26}$$

が成り立つ.

既に本書では何度も触れているように, 簡単な有理関数の積分であっても未知の超越数がいくらでも出てくる. この定理の不思議なところは, 代数的 de Rham 類を代数的サイクル上で積分しても, π 以外の超越数は全く出てこないことを主

張している点であろう. 定理 6.14 の一般の場合の証明はしないが, $\dim = 1, k = 1$ の場合は, 命題 6.11 から従うことに注意しておく.

さて, 上で見たように, 代数的 de Rham コホモロジー類を代数的サイクル上積分しても, 円周率しか出てこないことが分かっている. しかし定理 6.14 は代数的でないサイクル上の積分については何もいっていない. というわけで, 代数的 de Rham コホモロジー類を代数的とは限らない一般のホモロジーサイクルで積分して得られる周期は, 新たな超越数をたくさん含んでいるのだろうか? $\overline{\mathbb{Q}}$ 上定義された代数曲線 C の場合をもう少し考えよう. この場合は 2 次元のホモロジーサイクルは代数的サイクル $[C^{\mathrm{an}}] \in H_2(C^{\mathrm{an}}, \mathbb{Q})$ で生成されるので, 周期は上のように代数的数 (と円周率) で表される. 問題は 1 次のホモロジーである.

実は周期たちは完全に独立なわけではなく, 代数的サイクルに由来する代数的な関係式を持つことがある. X を $\overline{\mathbb{Q}}$ 上定義された n 次元の滑らかな代数多様体として, $\omega_i \in \mathbb{H}^{k_i}(X, \Omega^{\bullet}_{X,\overline{\mathbb{Q}}})$ を k_i 次の代数的コホモロジー類とする ($i = 1, \cdots, m$). X^{an} の k_i 次のベッチ数を $\beta_i = \dim H_{k_i}(X^{\mathrm{an}}, \mathbb{Q})$ として, ホモロジー群の基底を $\gamma_{i,1}, \cdots, \gamma_{i,\beta_i} \in H_{k_i}(X^{\mathrm{an}}, \mathbb{Q})$ 固定する. このとき, 対応するコホモロジー類 $[\omega_i] \in H^{k_i}(X^{\mathrm{an}}, \mathbb{C})$ の積分として

$$\int_{\gamma_{i,r_i}} [\omega_i] \in \mathbb{C}, \quad (i = 1, \cdots, m, \ r_i = 1, \cdots, \beta_i) \tag{6.27}$$

$\sum_{i=1}^{m} \beta_i$ 個の周期が得られる.

上で固定した基底 $\gamma_{i,r}$ の交叉形式に関する双対基底を $\gamma^{\vee}_{i,1}, \cdots, \gamma^{\vee}_{i,\beta_i} \in H_{2n-k_i}(X^{\mathrm{an}}, \mathbb{Q})$ と置く. つまり,

$$\gamma_{i,p} \cdot \gamma^{\vee}_{i,q} = (-1)^{k_i} \cdot \gamma^{\vee}_{i,q} \cdot \gamma_{i,p} = \delta_{pq}$$

が成り立つとする.

ここで次数の和 $k_1 + \cdots + k_m$ が偶数であると仮定し, $d = \frac{k_1 + \cdots + k_m}{2}$ と置く. さらに d 次元の代数的サイクル C が存在したとしよう. このとき, 定理 6.14 から,

$$\int_C [\omega_1] \wedge \cdots \wedge [\omega_m] \in (2\pi\sqrt{-1})^d \cdot \overline{\mathbb{Q}} \tag{6.28}$$

である．複素係数ホモロジーとコホモロジーの間の Poincaré 双対写像を

$$P: H_{2n-k_i}(X^{\mathrm{an}}, \mathbb{C}) \xrightarrow{\simeq} H^{k_i}(X^{\mathrm{an}}, \mathbb{C}) \simeq \mathbb{H}^{k_i}(X, \Omega^\bullet_{X,\overline{\mathbb{Q}}}) \bigotimes \mathbb{C}$$

とする．このとき，$P^{-1}[\omega_i]$ は双対基底の一次結合として，

$$P^{-1}[\omega_i] = \sum_{r=1}^{\beta_i} \left(\int_{\gamma_{i,r}} [\omega_i] \right) \cdot \gamma^\vee_{i,r} \tag{6.29}$$

と表される．この表示を使って，(6.28) の積分を交叉形式を使って書き直してみよう．

$$\begin{aligned}\int_C [\omega_1] \wedge \cdots \wedge [\omega_m] &= P^{-1}[\omega_1] \cdots P^{-1}[\omega_m] \cdot [C] \\ &= \sum_{r_1,\cdots,r_m} \left(\int_{\gamma_{1,r_1}} [\omega_1] \right) \cdots \left(\int_{\gamma_{m,r_m}} [\omega_m] \right) \gamma^\vee_{1,r_1} \cdots \gamma^\vee_{m,r_m} \cdot [C]\end{aligned} \tag{6.30}$$

上式の最後の部分 $\gamma^\vee_{1,r_1} \cdots \gamma^\vee_{m,r_m} \cdot [C]$ は，有理ホモロジーサイクルの交点数なので，有理数である．よって (6.30) と (6.28) から，(6.27) の周期たちの間には，($\overline{\mathbb{Q}}$ に π を添加した体上の) 代数的な関係式があることが分かる．このように，代数的サイクルがあるごとに，代数的 de Rham コホモロジー類の周期の間には，代数的な関係式が得られるのである．

楕円曲線の周期の間に成り立つ **Legendre の関係式**はまさにそのような関係式の一例である．

例 6.2 (Legendre の関係式)　$X \subset \mathbb{CP}^2$ を三次式 $y^2z = 4x^3 - g_2xz^2 - g_3z^3$ で与えられる楕円曲線とする．1 次の代数的 de Rham コホモロジー $\mathbb{H}^1(X, \Omega^\bullet_X)$ は (6.23) より第二種微分を使って表示することができる．よく知られている基底として

$$\omega = \frac{dx}{y},\ \eta = \frac{xdy}{y}$$

をとる．Weierstrass の $\wp$-関数を使うと複素トーラスとの同型

$$\mathbb{C}/\Lambda \xrightarrow{\simeq} X^{\mathrm{an}},\ z \longmapsto (\wp(z) : \wp'(z) : 1)$$

が得られる (ただし Λ は $\wp$ の周期格子)．複素トーラスの上では

$$\omega = dz,\ \eta = \wp(z)dz$$

となる. 基底 $\gamma_1, \gamma_2 \in H_1(X^{\mathrm{an}}, \mathbb{Q})$ を $\gamma_1 \cdot \gamma_2 = 1$ を満たすようにとっておく. それぞれの周期を
$$\int_{\gamma_i} \omega = \omega_i, \quad \int_{\gamma_i} \eta = \eta_i$$
と置く. 命題 6.12 (および, Weierstrass の $\wp$-関数の極のまわりでの表示 $\wp(z) = \frac{1}{z^2} + \cdots$) より,
$$\int_{[X^{\mathrm{an}}]} [\omega] \wedge [\eta] = 2\pi\sqrt{-1}$$
である. 一方, 左辺を (6.30) と同様に計算することにより, Legendre の関係式
$$\omega_1 \eta_2 - \omega_2 \eta_1 = 2\pi\sqrt{-1} \tag{6.31}$$
を得る. 言い換えると, Legendre の関係式は, 代数的サイクル $[X^{\mathrm{an}}]$ から得られる周期の関係式に他ならないのである.

このように, 代数的サイクルがあるごとに周期の間に関係式が見出されるのであるが, Grothendieck の周期予想は, この逆を予想するものである.

予想 6.15 (Grothendieck の周期予想) $\overline{\mathbb{Q}}$ 上定義された滑らかな射影多様体の代数的 de Rham コホモロジー類の周期の間の代数的な関係式は, 代数的サイクルから得られるもので尽きるだろう.

注意 6.3 予想 6.15 と Kontsevich-Zagier の予想 2.6 の関係は, 第 2 章注意 2.1 で述べた.

6.5 Hodge 予想

X を滑らかな射影多様体として, $C \subset X$ を既約な k 次元の代数的閉部分集合とする. C の特異点を除いて得られる稠密な開集合 C' は古典的な位相で k 次元の複素多様体 C'^{an} となる. サイクル $[C^{\mathrm{an}}] \in H_{2k}(X^{\mathrm{an}}, \mathbb{Q})$ 上の積分と Hodge フィルトレーションの関係を考えよう. $\omega \in F^{k+1}H^{2k}(X^{\mathrm{an}}, \mathbb{C})$ とすると, Hodge フィルトレーションの定義より, ω は微分形式として $A_{X^{\mathrm{an}}}^{k+1,k-1}(X) \oplus \cdots \oplus A_{X^{\mathrm{an}}}^{2k,0}(X)$ の元で代表される. k 次元複素多様体 C'^{an} の上の $2k$ 次微分形式は (k, k)-型微

分形式しかないので，これは微分形式を制限した時点で $\omega|_{C'^{\mathrm{an}}} = 0$ となること を意味している．まとめると，k 次の代数的サイクル C とコホモロジー類 $[\omega] \in F^{k+1}H^{2k}(X^{\mathrm{an}}, \mathbb{C})$ に対して，

$$\int_{[C^{\mathrm{an}}]} [\omega] = 0$$

である．逆にこのような性質を持つホモロジーサイクルが何かを考えるのは自然であろう．

定義 6.16 ホモロジーサイクル $\gamma \in H_{2k}(X^{\mathrm{an}}, \mathbb{Q})$ が **Hodge サイクル**であるとは，任意の $[\omega] \in F^{k+1}H^{2k}(X^{\mathrm{an}}, \mathbb{C})$ に対して，

$$\int_{\gamma} [\omega] = 0$$

が成立するようなサイクルのことである．

上で見たことは，代数的サイクルは Hodge サイクルであるという事実である．Hodge 予想はこの逆を問う予想である．

予想 6.17 (Hodge 予想)　X を $\overline{\mathbb{Q}}$ 上定義された滑らかな射影多様体として，$\gamma \in H_{2k}(X^{\mathrm{an}}, \mathbb{Q})$ を $2k$ 次のホモロジーサイクルとする．任意の $\omega \in F^{k+1}\mathbb{H}^{2k}(X, \Omega^{\bullet}_{X, \overline{\mathbb{Q}}})$ に対して，$\int_{\gamma}[\omega] = 0$ であれば，γ は代数的サイクルであろう．

6.6　サイクルの代数性判定

本節では C. Simpson の論文 [67] で述べられている次の結果を紹介する．

定理 6.18　Hodge 予想が正しいとすると，$\overline{\mathbb{Q}}$ 上定義された滑らかな代数多様体 X のホモロジーサイクル $\gamma \in H_{*}(X^{\mathrm{an}}, \mathbb{Q})$ が代数的サイクルか否かを判定するアルゴリズムが存在する．

Simpson も論文で述べているが,一部の専門家の間では実質的には知られていた事実である.にも関わらず誰も明示的に主張しなかったのは,その「アルゴリズムが存在する」という事実だけでは何の助けにもならないからであろう.しかしそのアルゴリズムがとても応用に使えないものであったとしても,アルゴリズムが存在することと,アルゴリズミックに実行不可能であるという事実の差は,質的に大変大きなものであるので,どちらかをはっきり決めることは意味があると思われる.事実そのものも興味深いように思われる.

定理が主張するアルゴリズムの入力と出力をまずはっきりさせよう.まず出力は "Yes (代数的サイクルである)" かまたは "No (代数的サイクルではない)" のどちらかである.さらに代数的サイクルであった場合は,入力として与えられたホモロジー類を実現する代数的サイクル (代数的部分集合の有理数係数一次結合) の一例を答えてくれるというものである.

入力は $\overline{\mathbb{Q}}$ 上定義された (滑らかな) 射影多様体 $X \subset \mathbb{CP}^n$ とそのホモロジーサイクル $\gamma \in H_{2k}(X^{\mathrm{an}}, \mathbb{Q})$ である.より具体的には,X を与えるとは,それを定める有限個の斉次多項式の列 $f_1, \cdots, f_N \in \overline{\mathbb{Q}}[z_0, \cdots, z_n]$ を与えることである[2].また,第 4 章 §4.4 で見たように,X^{an} はアルゴリズミックに半代数的な三角形分割可能を与えることができる.ホモロジーサイクル $\gamma \in H_{2k}(X^{\mathrm{an}}, \mathbb{Q})$ は,半代数的な三角形分割を使って与えられているとする.

以上のように,X と $\gamma \in H_{2k}(X^{\mathrm{an}}, \mathbb{Q})$ が与えられたときに,γ が代数的サイクルかどうかを判定するために,二つのアルゴリズムを走らせることになる.

一つ目は次のアルゴリズムである.

アルゴリズム 6.19 γ を実現する代数的サイクルを探すアルゴリズム.

これは次のように構成すればよい.$\overline{\mathbb{Q}}[z_0, \cdots, z_n]$ は可算集合であり,有限個の (斉次) 多項式の組 $(g_1, \cdots, g_M)$ も可算個しかなく,アルゴリズミックに列挙可能 (再帰的可算) である.X の代数的部分集合は,"$f_1, \cdots, f_N, g_1, \cdots, g_M$ の共通零点" という形で与えられるので,それらも可算集合で,その有理数係数一

---

[2] 第 1 章 §1.4, §1.5 で $\overline{\mathbb{Q}}$ がアルゴリズミックに扱えることを見たことを思い出しておく.

次結合も可算集合である. よって, X の代数的サイクルを列挙するアルゴリズムが存在し, 順番に並べたものを $\{\eta_1, \eta_2, \cdots\}$ と置く. 各 i に対して, η_i と γ は共に半代数的な表示を持つホモロジーサイクルなので, (必要なら定理 4.15 を使って三角形分割の細分をとることで) ホモロジー群の元として $\eta_i = \gamma$ か否かをアルゴリズミックに決定することができる. もし γ が代数的サイクルであれば, いずれかの i に対して, $\eta_i = \gamma$ となるので, このアルゴリズムは止まり, さらに γ の代数的サイクルとしての表示も与えることができる.

もちろん入力の γ が代数的サイクルでなければアルゴリズム 6.19 は絶対に止まらないので, いつまで走らせても何もいえない. そこでもう一つのアルゴリズムを同時に走らせることにする.

アルゴリズム 6.20 γ が Hodge サイクルでない証拠を探すアルゴリズム.

以下にこのアルゴリズムの構成を述べる. まず X の有限アフィン開被覆 $\mathfrak{U} = \{U_\alpha\}_{\alpha \in A}$ を固定する. このとき, $\Omega^p_{X,\overline{\mathbb{Q}}}(U_{\alpha_0 \cdots \alpha_q})$ は, アフィン多様体 $U_{\alpha_0 \cdots \alpha_q}$ 上の p 次 (代数的) 正則微分形式の集合なので, 可算集合である. よって, $\check{C}^q(\mathfrak{U}, \Omega^p_{X,\overline{\mathbb{Q}}})$ も可算集合であり, その元をすべて列挙するアルゴリズムが存在する. さらにこの二重複体の全複体の微分もアルゴリズミックに計算可能なので, 代数的 de Rham コホモロジー $\mathbb{H}^{2k}(X, \Omega^\bullet_{X,\overline{\mathbb{Q}}})$ の元を列挙するアルゴリズムが存在する. 同様に Hodge フィルトレーション $F^{k+1}\mathbb{H}^{2k}(X, \Omega^\bullet_{X,\overline{\mathbb{Q}}})$ の元も列挙することができ, それを

$$F^{k+1}\mathbb{H}^{2k}(X, \Omega^\bullet_{X,\overline{\mathbb{Q}}}) = \{\omega_1, \omega_2, \cdots\}$$

と置く. (ここで各 ω_i は二重複体 $\{\check{C}^q(\mathfrak{U}, \Omega^p_{X,\overline{\mathbb{Q}}})\}$ のコサイクルである.) 注意 6.2 で述べたように, 十分な回数微分可能な半代数的な 1 の分割を構成することができるので, 同型 (6.10) をアルゴリズミックに計算し, 半代数的で微分可能な $2k$ 次微分形式 $[\omega]$ を構成することができる. このようにして,

$$\mathrm{im}\left(F^{k+1}\mathbb{H}^{2k}(X, \Omega^\bullet_{X,\overline{\mathbb{Q}}}) \longrightarrow H^{2k}(X^{\mathrm{an}}, \mathbb{C})\right)$$

の列挙 $\{[\omega_1], [\omega_2], \cdots\}$ が構成できる. こうして得られた可算集合は, Hodge フィルトレーション $F^{k+1}H^{2k}(X^{\mathrm{an}}, \mathbb{C})$ の中で稠密になっていることに注意しておく.

次に $\int_\gamma [\omega_i]$ を計算する. 半代数的三角形分割 (定理 4.15) を使って, $\mathbb{R}^n$ の領域上の積分の和に帰着することができる. C^1-三角形分割 (定理 4.16) を使うと, Riemann 和による近似の速さも評価することができ, 計算可能な関数 (有理数列) $F_i : \mathbb{N} \longrightarrow \mathbb{Q}$ で, $n \in \mathbb{N}$ に対して,

$$\left| F_i(n) - \int_\gamma [\omega_i] \right| < 2^{-n}, \tag{6.32}$$

を満たすものを構成することができる. ここで,

$$\begin{array}{cccc} F_1(1) & F_2(1) & F_3(1) & \cdots \\ \swarrow & \swarrow & \swarrow & \\ F_1(2) & F_2(2) & F_3(2) & \cdots \\ \swarrow & \swarrow & \swarrow & \\ F_1(3) & F_2(3) & F_3(3) & \cdots \\ \swarrow & \swarrow & & \end{array}$$

$$F_1(1), F_2(1), F_1(2), F_3(1), F_2(2), F_1(3), \cdots \tag{6.33}$$

と順に計算していき,

$$|F_i(n)| > 2^{-n} \tag{6.34}$$

を満たす i, n を探す. もしこのような i, n があれば, (6.32) より, $\int_\gamma [\omega_i] \neq 0$ となり, γ は Hodge サイクルでないことが分かる. 逆に $\int_\gamma [\omega_i] \neq 0$ であれば, n を十分大きくとることにより,

$$\left| \int_\gamma [\omega_i] \right| > 2^{1-n} \tag{6.35}$$

を満たすようにできる. このとき, (6.34) が成り立つ. つまり, (6.33) を計算していくと, γ が Hodge サイクルでないときは必ず (6.34) となる i, n が見つかる (命題 5.16 参照). 一方, もし γ が Hodge サイクルであれば, いつまでたっても (6.34) となる i, n が見つからないので, 計算を止めることはできない.

ここで Hodge 予想を仮定しよう. Hodge 予想が教えてくれることは, アルゴ

リズム 6.19 とアルゴリズム 6.20 を同時に動かしたとき, 必ずどちらか一方が停止するという事実である. というのも, もし γ が Hodge サイクルでなければ, アルゴリズム 6.20 が止まる. γ が Hodge サイクルであれば, Hodge 予想より, γ は代数的サイクルで, アルゴリズム 6.19 が止まり, 代数的サイクルの具体的表示を教えてくれるのである. 以上で定理 6.18 のアルゴリズムが構成できた.

上の定理 6.18 の証明で, Hodge 予想が正しければアルゴリズムが止まることを示した. 逆に, どのような X と γ に対しても, アルゴリズムが停止することが Hodge 予想と同値であることも分かる. もちろんこのアルゴリズムを使って Hodge 予想にアプローチするというのは何のメリットもないだろう. しかし, このアルゴリズム中に, 積分が 0 か否かを判定する部分が含まれていることは, 周期の 0-認識問題の難しさと重要性の一つの証といえるのではないだろうか. (ただし仮に周期の 0-認識問題が簡単に解けるとしても, Hodge 予想がそれから直ちに従うというわけではないので, あまり正確な言い方ではないかもしれない.)

6.7　周期の 0-認識問題

前節では Hodge 予想が正しいとすればホモロジーサイクルが代数的かどうかを判定するアルゴリズムが存在することを示した. 同様に Kontsevich-Zagier の予想 2.6 を仮定した際に何がいえるだろうか? と問うことは自然であろう. 予想 2.6 を仮定し, 前節と同様の議論でいえることは, 周期の 0-認識問題の可解性である. つまり, 二つの周期 (の積分表示) が与えられたとき, それらが一致するかどうかを判定するアルゴリズムが存在する. このことは暗には知られていることかもしれない. 実際, Kontsevich-Zagier の「周期」の冒頭部分で

> それら (周期) は有限の乗法で述べることができ, 有限の情報のみを含み, そして, アルゴリズム的に識別することができる (と少なくとも予想できる).

と述べられているのはそのことかもしれない. 一方, **予想 1** (本書の予想 2.6) を述べた後に,

■**問題 1** 二つの与えられた $\mathcal{P}$ の元が等しいかどうかを決定するアルゴリズムを見つけよ．

予想 1 が証明できたとしても，すぐにこの問題を解決するわけではないことに注意しよう．なぜなら，予想 1 は周期間の任意の等式は初等的な証明を持つことのみをいっていて，それを見つける方法は与えないであろうから．それゆえ，問題 1 は現在のところ全く手のつけられない問題であり，今後も長い間そうであろう．

とも述べている．予想 2.6 と 0-認識問題の可解性との関係を本章の締めくくりに明示的に述べておこう．

定理 6.21 Kontsevich-Zagier の予想 2.6 が正しいと仮定する．このとき，二つの周期 $\alpha_1, \alpha_2 \in \mathcal{P}$ が一致するかどうかを判定するアルゴリズムが存在する．

証明のスケッチをする前に，アルゴリズムの入力と出力をはっきりさせよう．入力は，二つの周期の積分表示 α_1, α_2 の積分表示 $\alpha_i = \int_{\Delta_i} \omega_i$ $(i = 1, 2)$ (または積分表示の $\overline{\mathbb{Q}}$ 係数一次結合) である．二つの周期の積分表示を与えたときに，アルゴリズムが教えてくれることは，"Yes (一致する)" または "No (一致しない)" のどちらかである．さらに "Yes" の場合は，Kontsevich-Zagier の変形規則に依る変形のプロセスも同時に教えてくれる．

証明の構造は前節の定理 6.18 と全く同じで，二つのアルゴリズムを考える．

一つ目のアルゴリズムは，Kontsevich-Zagier の予想 2.6 の操作 (1), (2), (3) を使って変形していく．積分表示 $\alpha_1 = \int_{\Delta_1} \omega_1$ を変形して得られる表示は，($\overline{\mathbb{Q}}$ 係数で考えている限り) 可算無限個しかなく，アルゴリズム的に列挙することができる．もし α_2 の表示 $\alpha_2 = \int_{\Delta_2} \omega_2$ が見つかれば，その時点でストップし，一致することを結論付けれられる．もちろん操作 (1), (2), (3) を使って変形できない場合は，このアルゴリズムは止まらないので，何も教えてくれない．

もう一つのアルゴリズムは前節のアルゴリズム 6.20 と全く同じで，$\alpha_1 - \alpha_2$ の近似計算をするのである．近似計算で $\alpha_1 - \alpha_2 \neq 0$ が分かれば，その時点でと

まり, 二つの周期が異なることを結論づけられる. Kontsevich-Zagier の予想 2.6 から分かることは, 周期が実数として等しければ, 必ず前半の全探索アルゴリズムが止まることである. この二つを合わせたアルゴリズムが必ず止まることと, 予想 2.6 が成立することは同値である.

第 7 章

ホロノミック実数

7.1 円周率の関係した公式

円周率 π は最も深く研究されてきた周期である．円周率を正確に求めることは，紀元前の Archimedes に始まり，これまでに有理数や代数的数の列の極限として表す公式が何百と得られている．以下にいくつか挙げてみよう．

$$\frac{2}{\pi} = \sqrt{\frac{1}{2}} \cdot \sqrt{\frac{1}{2} + \frac{1}{2}\sqrt{\frac{1}{2}}} \cdot \sqrt{\frac{1}{2} + \frac{1}{2}\sqrt{\frac{1}{2} + \frac{1}{2}\sqrt{\frac{1}{2}}}} \cdots \tag{7.1}$$

$$\frac{\pi}{4} = \cfrac{1}{1 + \cfrac{1^2}{2 + \cfrac{3^2}{2 + \cfrac{5^2}{2 + \cfrac{7^2}{2 + \cdots}}}}} \tag{7.2}$$

$$\frac{\pi}{2} = \frac{2}{1} \cdot \frac{2}{3} \cdot \frac{4}{3} \cdot \frac{4}{5} \cdot \frac{6}{5} \cdot \frac{6}{7} \cdots \tag{7.3}$$

$$\frac{\pi}{4} = 1 - \frac{1}{3} + \frac{1}{5} - \frac{1}{7} + \cdots \tag{7.4}$$

$$\begin{aligned}\frac{\pi^2}{6} &= 1 + \frac{1}{2^2} + \frac{1}{3^2} + \frac{1}{4^2} + \frac{1}{5^2} + \frac{1}{6^2} + \cdots \\ \frac{\pi^4}{90} &= 1 + \frac{1}{2^4} + \frac{1}{3^4} + \frac{1}{4^4} + \frac{1}{5^4} + \frac{1}{6^4} + \cdots\end{aligned} \tag{7.5}$$

$$\begin{aligned}\frac{\pi}{4} &= 4\arctan\left(\frac{1}{5}\right) - \arctan\left(\frac{1}{239}\right) \\ &= \sum_{n=0}^{\infty} \frac{(-1)^n}{2n+1}\left(\frac{4}{5^{2n+1}} - \frac{1}{239^{2n+1}}\right)\end{aligned} \tag{7.6}$$

$$\pi = \sum_{n=0}^{\infty} \frac{1}{16^n} \left(\frac{4}{8n+1} - \frac{2}{8n+4} - \frac{1}{8n+5} - \frac{1}{8n+6} \right) \tag{7.7}$$

$$\frac{1}{\pi} = \frac{2\sqrt{2}}{9801} \sum_{n=0}^{\infty} \frac{(4n)!(1103+26390n)}{(n!)^4 396^{4n}} \tag{7.8}$$

$$\frac{\pi}{\sqrt{3}} = \sum_{n=0}^{\infty} \frac{1}{4096^n} \left(\frac{1}{12n+1} + \frac{3}{2(12n+2)} + \frac{1}{2^2(12n+3)} - \frac{1}{2^3(12n+5)} \right. $$
$$\left. + \frac{1}{2^6(12n+7)} + \frac{3}{2^7(12n+8)} + \frac{1}{2^8(12n+9)} - \frac{1}{2^9(12n+11)} \right) \tag{7.9}$$

(7.1) は Viète の公式, (7.2) は Brouncker による連分数展開, (7.3) は Wallis による公式 (1655 年), (7.4) は既に第 3 章 §3.2 で詳しく紹介した Leibniz の公式である. (7.5) は Euler による有名な一連の公式の最初の二つで, ゼータ関数の偶数での特殊値である. (7.6) は Machin の公式で, 実際に近似計算に使われた. Ramanujan の公式 (7.8), Bailey-Borwein-Plouffe の公式 (7.7) は 20 世紀に見つかった公式である. 最後の公式 (7.9) は 2006 年に発表されたものである ([20]). 探せばおそらくもっとたくさん知られている公式が見つかるであろう.

このように円周率に関する公式は, 膨大にあり, これからもたくさん見つかるだろう. このような多様性とは対照的に, Kontsevich-Zagier の予想 (予想 2.6) が示唆していることは, **円周率を表す公式は本質的に一つなのではないか?** ということである. 本章では, そのような予想を定式化する試みを紹介したい.

「円周率を表す公式は本質的に一つなのではないか?」という問いを定式化したいのだが, 無限積や連分数展開まで含めるとなると, 筆者にはどのように定式化すればよいのか皆目見当がつかない. そこで本書では円周率の関係した無限級数 (無限和) に話を限ることにして, 「円周率を表す無限級数は本質的に一つなのではないか」という予想の定式化を目指したい.

「本質的に一つ」という言葉の意味を例で見てみよう. Leibniz が書き残している公式の中に以下のものがある.

$$\frac{\pi}{8} = \frac{1}{1 \cdot 3} + \frac{1}{5 \cdot 7} + \frac{1}{9 \cdot 11} + \frac{1}{13 \cdot 15} + \cdots. \tag{7.10}$$

しかしこれは既に見た公式 (7.4) を, $\frac{1}{n} - \frac{1}{n+2} = \frac{2}{n(n+2)}$ を使って書き直したものに他ならない. この公式 (7.10) は見た目は違うが**本質的に** Leibniz の公式 (7.4) と同じものとみなすことができる. Kontsevich-Zagier の予想が, 周期の間の等式は, 積分に関するごく少数の変換規則で移りあうことを主張しているように, 級数たちもごく少数の変換規則で移りあうのではないか, このような意味で「円周率に収束する級数はすべて本質的に同じではないか」という問題に対して数学的定式化を与えるのが本章の目標である.

このような予想を定式化したい一つの動機としては, 周期より広い数のクラスで 0-認識問題が解けるか, という問題がある. たとえば, Kontsevich-Zagier は e や $\frac{1}{\pi}$ は周期ではないだろうと予想している (予想 2.3). しかし上の Ramanujan の公式 (7.8) や, $e = \sum_{n=0}^{\infty} \frac{1}{n!}$ から分かるように, これらの数は "級数表示" を持つ. このように級数による表示は, 積分表示よりも自由度が高く, "級数表示" を持つ数たちを扱うことは, 周期より広いクラスを扱う一つの手段を与えると期待できる.

この「予想」を数学的に定式化するには, 二つのことをはっきりさせなければならない.

(A) どのような級数を考えるのか？
(B) どのような変換関係を許すのか?

あらゆる数列を考えるというのは, あまり意味のあることではない. たとえば

$$\pi = 3 + \frac{1}{10} + \frac{4}{10^2} + \frac{1}{10^3} + \frac{5}{10^4} + \frac{9}{10^5} + \frac{2}{10^6} + \cdots,$$

というのは確かに π に収束する有理数による級数であるが, このような級数を考えたいとは思わない. というのもこの級数は上の (7.4)–(7.8) のような規則性が見つからないからである. 何らかの意味で規則性を持った級数だけを考えるのが妥当であろう. 上の公式 (7.4)–(7.8) を見ていると, 多くの場合に, 級数 $\sum a_n$ の各項 a_n が n を使って

- 有理式,
- 指数関数,

- 一次式の階乗,
- およびそれらのいくつかの積や商,

という形で表されていることが分かる．これらの性質を持った自然な級数のクラスとして次の超幾何級数が知られている．

定義 7.1 数列 $\{a_n\}$ は $n_0 \leq 0$ が存在して，$n \geq n_0$ に対して，隣り合う項の比 $\frac{a_{n+1}}{a_n}$ が n に関する有理式となるとき，**超幾何数列**と呼ばれる．また超幾何数列の和として得られる無限級数 $\sum_{n=1}^{\infty} a_n$（もしくは $\sum_{n=1}^{\infty} a_n z^n$）を**超幾何級数**という．

我々が普段目にする級数の多くは，超幾何級数である．たとえば，$e = \sum_{n=0}^{\infty} \frac{1}{n!}$ や $\log 2 = \sum_{n=1}^{\infty} \frac{(-1)^{n-1}}{n}$ は超幾何級数である．しかしすべてというわけではない．上の (7.4)–(7.8) のうち，Machin の公式 (7.6) 以外は超幾何級数であるが，Machin の公式はそうではない．(Machin の公式は二つの超幾何級数の差となっている．)

このように超幾何級数は定義は非常に簡単な定義を持ち，多くの級数を含むクラスとして重要である．しかし Machin の公式が示しているように，超幾何級数の和や差は超幾何級数になるとは限らない．級数の和や差を気軽に考えたいという立場に立つと，超幾何級数は少々不便なクラスである（と筆者は感じている）．

超幾何級数を含み，和差積などの操作で閉じている級数のクラスとして，**ホロノミック級数** (holonomic series) が知られている．ホロノミック級数は Stanley [68] により，多くの組合せ論的な形式的冪級数を含むクラスとして見出され，基本的な性質が明らかにされた．(ただし Stanley は "D-finite series" と呼んでいた．「ホロノミック」という名前は日本の代数解析グループによるものである．)

ホロノミック級数の定義を述べる前に，§7.2 では形式的冪級数環や形式的 Laurent 級数環およびそこに作用する Weyl 代数を導入する．

7.2 形式的冪級数環と Weyl 代数

$K \subset \mathbb{C}$ を部分体として n 変数の級数

$$f(\boldsymbol{z}) = \sum_{I \in \mathbb{Z}^n} a_I \boldsymbol{z}^I := \sum_{i_1,\cdots,i_n \in \mathbb{Z}} a_{i_1\cdots i_n} z_1^{i_1} \cdots z_n^{i_n}$$

が形式的 **Laurent** 級数であるとは, ある整数 $N \in \mathbb{Z}$ があって

$$\{I \in \mathbb{Z}^n \mid a_I \neq 0\} \subset [-N, \infty)^n,$$

となることである. K-係数 n-変数の形式的 Laurent 級数全体のなす環を $L_n(K) := K[\![z_1,\cdots,z_n]\!][z_1^{-1},\cdots z_n^{-1}]$ と表す. 形式的 Laurent 級数環 $L_n(K)$ は次の操作で閉じている. $f(\boldsymbol{z}) = \sum_{I \in \mathbb{Z}^n} a_I \boldsymbol{z}^I$, $g(\boldsymbol{z}) = \sum_{I \in \mathbb{Z}^n} b_I \boldsymbol{z}^I$ に対して,

- **加法**. $f(\boldsymbol{z}) + g(\boldsymbol{z}) = \sum_I (a_I + b_I) \boldsymbol{z}^I$.
- **乗法**. $f(\boldsymbol{z}) \cdot g(\boldsymbol{z}) = \sum_I \left(\sum_{J+K=I} a_J b_K \right) \boldsymbol{z}^I$.
- **Hadamard 積**. $f(\boldsymbol{z}) * g(\boldsymbol{z}) = \sum_I (a_I \cdot b_I) \boldsymbol{z}^I$.

$L_n(K)$ は加法に関してはアーベル群をなし, 乗法と Hadamard 積は結合的かつ可換で, さらに加法に関する分配法則

$$f \cdot (g+h) = f \cdot g + f \cdot h$$
$$f * (g+h) = f * g + f * h$$

が成立する.

次に Weyl 代数の定義をする.

$$\mathrm{End}_K(K[z_1,\cdots,z_n]) := \{\varphi : K[\boldsymbol{z}] \longrightarrow K[\boldsymbol{z}] \mid \varphi \text{ は } K\text{-線形写像}\}$$

を多項式環 $K[\boldsymbol{z}] := K[z_1,\cdots,z_n]$ の K-線形自己準同型全体のなす集合とする. この集合には, 自然な加法と, 写像の合成を積とする K-代数の構造が入る. $\mathrm{End}_K(K[\boldsymbol{z}])$ の要素の例としては, 多項式の掛け算

$$z_i : K[\boldsymbol{z}] \longrightarrow K[\boldsymbol{z}], \; f \longmapsto z_i \cdot f,$$

や偏微分作用素

$$\partial_i : K[\boldsymbol{z}] \longrightarrow K[\boldsymbol{z}], \; f \longmapsto \frac{\partial f}{\partial z_i},$$

などがある. これらの元は, $\mathrm{End}_K(K[\boldsymbol{z}])$ の要素としては可換ではなく,

$$[\partial_i, z_j] = \delta_{ij}$$

という関係式が成り立つ (ただし δ_{ij} は Kronecker のデルタ). 実際, $i = j$ の場合, $f \in K[z]$ に対して,

$$[\partial_i, z_i](f) = \partial_i(z_i f) - z_i(\partial_i(f))$$
$$= \partial_i(z_i)f + z_i \partial_i(f) - z_i \partial_i(f) = f$$

なので, $[\partial_i, z_i] = 1$ が成り立つ. 同様に $i \neq j$ であれば $[\partial_i, z_j] = 0$ も分かる.

定義 7.2 $z_1, \cdots, z_n, \partial_1, \cdots, \partial_n$ で生成される $\mathrm{End}_K(K[z])$ の K-部分代数 $W_n(K)$ を **Weyl 代数**と呼ぶ. (以下, Weyl 代数の基本性質を証明なしで述べる. 詳しいことは [17, 42] などを参照.)

代数的には, Weyl 代数 $W_n(K)$ は K 上 $2n$ 個の元 $z_1, \cdots, z_n, \partial_1, \cdots, \partial_n$ で生成されるテンソル代数を関係式

$$[z_i, z_j] = [\partial_i, \partial_j] = 0, \quad [\partial_i, z_j] = \delta_{ij} \tag{7.11}$$

で割った K-代数と同型である. 上の関係式を使うと, $W_n(K)$ の元は,

$$\begin{aligned}P(\boldsymbol{z}, \boldsymbol{\partial}) &= \sum_{\alpha_i, \beta_j \geq 0} c_{\alpha_1, \cdots, \alpha_n, \beta_1, \cdots, \beta_n} z_1^{\alpha_1} \cdots z_n^{\alpha_n} \partial_1^{\beta_1} \cdots \partial_n^{\beta_n} \\ &= \sum_{\boldsymbol{\alpha}, \boldsymbol{\beta}} c_{\boldsymbol{\alpha}\boldsymbol{\beta}} \boldsymbol{z}^{\boldsymbol{\alpha}} \boldsymbol{\partial}^{\boldsymbol{\beta}}\end{aligned} \tag{7.12}$$

($c_{\boldsymbol{\alpha}\boldsymbol{\beta}} \in K$) と一意的に表すことができる. 上の表示において, $|\boldsymbol{\alpha}| = \alpha_1 + \cdots + \alpha_n$, $|\boldsymbol{\beta}| = \beta_1 + \cdots + \beta_n$ と置く.

定義 7.3 $i = 0, 1, 2, \cdots$ に対して, Weyl 代数 $W_n(K)$ の K-部分空間 $F_i W_n(K)$ を

$$F_i W_n(K) = \left\{ \sum_{\boldsymbol{\alpha}, \boldsymbol{\beta}} c_{\boldsymbol{\alpha}\boldsymbol{\beta}} \boldsymbol{z}^{\boldsymbol{\alpha}} \boldsymbol{\partial}^{\boldsymbol{\beta}} \,\middle|\, |\boldsymbol{\alpha}| + |\boldsymbol{\beta}| \leq i \right\} \tag{7.13}$$

で定める. $F_i W_n(K)$ が定めるフィルトレーション

$$F_0 W_n(K) \subset F_1 W_n(K) \subset \cdots \subset F_i W_n(K) \subset \cdots \subset W_n(K), \bigcup_i F_i W_n(K) = W_n(K)$$

を $W_n(K)$ の **Bernstein** フィルトレーションと呼ぶ.

Bernstein フィルトレーション $F_i W_n(K)$ の次元は明示的に求めることができて,

$$\begin{aligned}\dim_K F_i W_n(K) &= \binom{i+2n}{i} \\ &= \frac{(i+1)(i+2)\cdots(i+2n)}{(2n)!} \\ &= \frac{1}{(2n)!}i^{2n} + \cdots (i \text{ に関する } 2n-1 \text{ 次以下の多項式})\end{aligned} \quad (7.14)$$

に注意しておく.

Weyl 代数 $W_n(K)$ の定義から分かるように, $W_n(K)$ は形式的 Laurent 級数環 $L_n(K) = K[\![z]\!][z^{-1}]$ に作用することができる. 冪級数 $f \in L_n(K)$ に対して,

$$\mathrm{Ann}_{W_n(K)}(f) := \{\delta \in W_n(K) \mid \delta \cdot f = 0\}$$

と置くと, これは f が満たす線形微分方程式全体の集合とみなせる. $f \in L_n(K)$ としたとき, $W_n(K) \cdot f$ は $L_n(K)$ の左 $W_n(K)$-加群であり, 次の完全系列が得られる.

$$0 \longrightarrow \mathrm{Ann}_{W_n(K)}(f) \longrightarrow W_n(K) \longrightarrow W_n(K) \cdot f \longrightarrow 0.$$

直感的には, f がたくさんの微分方程式を満たす ($\mathrm{Ann}_{W_n(K)}(f)$ が "大きくなる") ことと, $W_n(K) \cdot f$ が "小さくなる" ことが同値である. このように, $W_n(K)$-加群 $W_n(K) \cdot f$ の "大きさ" を測ることが, f がどれだけ沢山の微分の間の関係式を持つかを示す指標となる. Bernstein フィルトレーションの次元の増大度との比較が重要となる.

定理 7.4 $f \in L_n(K)$ に対して, 正の整数 $d, m \in \mathbb{Z}_{>0}$ と i に関する有理数係数多項式

$$\chi_f(i) = \frac{m}{d!}i^d + a_1 i^{d-1} + \cdots + a_d$$

が存在して, $i \gg 0$ に対して

$$\dim_K(F_i W_n(K) \cdot f) = \chi_f(i)$$

が成り立つ. またこのとき, $d = d(W_n(K) \cdot f)$ を左 $W_n(K)$-加群 $W_n(K) \cdot f$ の**次元**, m を**重複度**, $\chi_f(i)$ を **Hilbert 多項式**という.

この定理はさらに一般の有限生成左 $W_n(K)$-加群に対して成立. ただし, そのためには有限生成左 $W_n(K)$-加群に対するフィルトレーションの導入が必要となる. それ自体が手間のため, 本書では省略する. 詳しくは [17, 42] 等参照. 次元に関しては, 次の Bernstein の不等式が基本的である.

定理 7.5 (Bernstein の不等式) $f \in L_n(K), f \neq 0$ のとき,
$$d(W_n(K) \cdot f) \geq n$$
が成り立つ.

証明 $W_n(K) \cdot f \supset K[z]f$ に注意すると, $F_i W_n(K) \cdot f \supset (F_i W_n(K) \cap K[z])f$ が成り立つ. $(F_i W_n(K) \cap K[z])$ は i 次以下の多項式全体のなす集合であることに注意すると,
$$\dim F_i W_n(K) \cdot f \geq \dim(F_i W_n(K) \cap K[z])$$
$$= \binom{n+i}{i}$$
$$= \frac{(i+1)(i+2)\cdots(i+n)}{n!}$$
となるので, 次元は n 以上である [1]. □

上の次元の概念を使ってホロノミック級数が定義される.

定義 7.6 形式的 Laurent 級数 $f(z) \in L_n(K)$ が**ホロノミック級数**であるとは,
$$d(W_n(K) \cdot f) = n \tag{7.15}$$
が成立することとする.

§7.3 および §7.5 ではこのホロノミック級数が様々な特徴づけを持つことをみる.

---

[1] Bernstein の不等式も一般の有限生成左 $W_n(K)$-加群に対して成り立つ. しかしその証明はここの証明ほど簡単ではない.

7.3 ホロノミック級数：一変数

本節では $n=1$ の場合に, Laurent 級数 $f(z) \in L_1(K) = K[\![z]\!][z^{-1}]$ がホロノミック級数になるための必要十分条件をいくつか与える.

定理 7.7 形式的 Laurent 級数 $f(z) \in L_1(K)$ に対して次は同値である.

(1) f はホロノミック級数. すなわち $d(W_1(K) \cdot f) = 1$.
(2) f の微分たち $\{\partial^k f = f^{(k)}\}_{k \geq 0}$ が有理関数体 $K(z)$ 上生成するベクトル空間 $\sum_{k=0}^{\infty} K(z) f^{(k)} \subset L_1(K)$ は $(K(z)$ 上$)$ 有限次元.
(3) 自然数 m と多項式 $p_0(z), p_1(z), \cdots, p_m(z) \in K[z]$ ($p_0 \neq 0$) が存在して,
$$p_0(z) f^{(m)} + p_1(z) f^{(m-1)} + \cdots + p_m(z) f^{(0)} = 0 \qquad (7.16)$$
を満たす.

証明 (2)$\Longrightarrow$(3)：整数 m を十分大きくとっておけば, $f^{(0)}, f^{(1)}, \cdots, f^{(m)}$ は有理関数体 $K(z)$ 上一次従属となる. よって $q_0, \cdots, q_m \in K(z)$ が存在して
$$q_0 f^{(m)} + q_1 f^{(m-1)} + \cdots + q_m f^{(0)} = 0$$
という関係式を満たす. 係数 q_i たちの分母を払うことによって, (7.16) の形の関係式が得られる.

(3)$\Longrightarrow$(2)：(7.16) において $p_0 \neq 0$ に注意する. このとき, 帰納法により, $k \geq m$ に対して, $f^{(k)} \in \sum_{i=0}^{m-1} K(z) f^{(i)}$ が成立することを示す. まず $k = m$ のときは, (7.16) を変形することで得られる関係式
$$f^{(m)} = -\frac{p_1}{p_0} f^{(m-1)} - \cdots - \frac{p_m}{p_0} f^{(0)} \qquad (7.17)$$
より明らかである. また, $f^{(k)} = q_1 f^{(m-1)} + \cdots + q_m f^{(0)}$, $(q_i \in K(z))$ と表されているとき, 両辺を微分することで,
$$f^{(k+1)} = q_1 f^{(m)} + (q_1^{(1)} + q_2) f^{(m-1)} + \cdots + q_m^{(1)} f^{(0)}$$
を得る. 上の (7.17) より, $f^{(m)}$ は $f^{(m-1)}, \cdots, f^{(0)}$ の一次結合で表されるので,

$f^{(k+1)}$ も $f^{(m-1)}, \cdots, f^{(0)}$ の一次結合で表される.

(1)$\Longrightarrow$(2): $d(W_1(K) \cdot f) = 1$ なので, $i \gg 0$ のとき,
$$\dim_K(F_i W_1(z)f) = m \cdot i + m' \tag{7.18}$$
($m, m' \in \mathbb{Z}$) と仮定してよい. このとき,
$$\dim_{K(z)} \langle f^{(0)}, f^{(1)}, \cdots, \rangle \leq m \tag{7.19}$$
を背理法で示す. 仮に $f^{(k)}$ で生成されるベクトル空間の次元が m より大きいとすると, $K(z)$ 上一次独立な $m+1$ 個の微分 $f^{(k_0)}, f^{(k_1)}, \cdots, f^{(k_m)}$ がとれる. このとき,
$$K[z]f^{(k_0)} \oplus K[z]f^{(k_1)} \oplus \cdots \oplus K[z]f^{(k_m)} \subset W_1(K) \cdot f$$
となる. $k = \max\{k_0, k_1, \cdots, k_m\}$ と置くと, $i > k$ のとき,
$$K[z]_{\leq i-k}f^{(k_0)} \oplus K[z]_{\leq i-k}f^{(k_1)} \oplus \cdots \oplus K[z]_{\leq i-k}f^{(k_m)} \subset F_i W_1(K) \cdot f$$
が得られる (ただし, $K[z]_{\leq d}$ は次数が d 以下の多項式たちのなす部分空間). よって, 次元を計算すると
$$\dim_K F_i W_1(K) \cdot f \geq (m+1)(i-k+1) = (m+1)i - (m+1)(k-1)$$
となって, $i \gg 0$ のとき, (7.18) に反する. よって (7.19) が成り立つ.

(3)$\Longrightarrow$(1): 関係式 (7.16) を仮定して, $T = \max\{\deg p_0, \deg p_1, \cdots, \deg p_m\}$ と置く. 式 (7.17) より,
$$f^{(m)} \in \sum_{k=1}^{m} \frac{1}{p_0} K[z] f^{(m-k)} \tag{7.20}$$
を得る. これをさらに微分しても, 分母には p_0 の冪乗が出てくるだけであることに注意して,
$$M := \sum_{k=1}^{m} K[z, z^{-1}, p_0^{-1}] f^{(m-k)}$$
とする. この加群 M にフィルトレーション $G_m \subset G_{m+1} \subset \cdots \subset G_i \subset \cdots$ を
$$G_i = \sum_{k=1}^{m} \frac{K[z]_{(i-m+1)(m+T)}}{p_0^{i-m+1}} f^{(m-k)} \tag{7.21}$$

で定める. $i \geq m$ のとき,

$$F_i W_1(K) \cdot f \subset G_i \tag{7.22}$$

となることを帰納法で示す. まず $i = m$ のときは,

$$G_m = \sum_{k=1}^{m} \frac{K[z]_{(m+T)}}{p_0} f^{(m-k)}$$

である. $x^j \partial^k f \in F_m W_1(K) \cdot f$, $(j+k \leq m)$ に対して, もし $k < m$ であれば, 上の G_m の定義より, $x^j \partial^k f \in G_m$ である. また $K = m$ なら $\partial^m f = f^{(m)}$ は, (7.17) より G_m に含まれる.

一般に $i \geq m$ として,

$$xG_i \subset G_{i+1}, \; \partial G_i \subset G_{i+1}$$

を示したいのだが, 前者は明らかである. 後者を示そう. $\frac{r}{p_0^{i-m+1}} f^{(m-1)} \in G_i$, $(\deg r \leq (i-m+1)(m+T))$ と仮定する. (以下の計算では次数だけが重要なので, 定数倍は無視している.)

$$\partial \left(\frac{r}{p_0^{i-m+1}} f^{(m-1)} \right) = \left(\frac{r}{p_0^{i-m+1}} \right)' f^{(m-1)} + \frac{r}{p_0^{i-m+1}} f^{(m)}$$

$$= \frac{r' p_0 - r}{p_0^{i-m+2}} f^{(m-1)} - \frac{r}{p_0^{i-m+1}} \left(\frac{p_1}{p_0} f^{(m-1)} + \cdots + \frac{p_m}{p_0} f^{(0)} \right)$$

この右辺は G_{i+1} に含まれる. 他の $\frac{r}{p_0^{i-m+1}} f^{(m-k)} \in G_i$, $k = 2, 3, \cdots, m$ に対しても同様である. よって (7.22) が示された. これを使って $F_i W_1(K) \cdot f$ の次元の評価をすると,

$$\dim_K (F_i W_1(K) \cdot f) \leq \dim_K G_i$$
$$\leq m\{(i-m+1)(m+T) + 1\}$$

を得る. これは $\dim_K(F_i W_1(K) \cdot f)$ が i に関して高々一次式であることを意味しているので, $(W_1(K) \cdot f) \leq 1$ である. Bernstein の不等式 (定理 7.5) より $d(W_1(K) \cdot f) = 1$ となる. □

上の定理 7.7 (3) を言い換えると次が得られる.

系 7.8 一変数形式的 Laurent 級数 $f(z) \in L_1(K)$ がホロノミックであるための必要十分条件は,
$$\mathrm{Ann}_{W_1(K)}(f) := \{\delta \in W_1(K) \mid \delta f = 0\}$$
が 0 でないことである [2].

定理 7.9 形式的 Laurent 級数 $f(z), g(z) \in K[\![z]\!][z^{-1}]$ がホロノミックとする.このとき

- 和：$f(z) + g(z)$ もホロノミック.
- 積：$f(z) \cdot g(z)$ もホロノミック.
- 微分：$f'(z)$ もホロノミック.
- 原始関数：$F'(z) = f(z)$ とすると, $F(z)$ もホロノミック,
- Hadamard 積：$f(z) * g(z)$ もホロノミック.

証明 微分と原始関数については定理 7.7 から容易に分かるので省略する.積について証明しよう.仮定より,$U := \sum_{k \geq 0} K(x) f^{(k)}$, $V := \sum_{k \geq 0} K(x) g^{(k)}$ は $K(x)$ 上有限次元のベクトル空間である.$K(x)$-ベクトル空間 W を $W = \sum_{i,j \geq 0} K(x) f^{(i)} g^{(j)}$ と置くと,

$$U \bigotimes_{K(x)} V \longrightarrow W$$

$$f^{(i)} \otimes g^{(j)} \longmapsto f^{(i)} g^{(j)}$$

は有限次元ベクトル空間 $U \bigotimes_{K(x)} V$ から W への全射線形写像なので, W も有限次元である.$(fg)^{(k)}, (k \geq 0)$ は明らかに W の元なので, fg もホロノミックである.

和については,積と同様に (より簡単に) 証明できる.

---

[2] 本節の多くの結果は多変数のホロノミック級数に対しても成り立つが,定理 7.7 (3) およびこの系 7.8 はそのままでは多変数では成り立たない.

積分については, $f(x) = F'(x)$ とすると, 明らかに $\{\partial^k F\}_{k \geq 0}$ は $K(x)$ 上有限次元ベクトル空間を生成する.

Hadamard 積については, §7.5 で証明する. □

例 7.1　$f(x) \in \mathbb{Q}[\![x]\!]$ を
$$\sin x = \sum_{k=0}^{\infty} \frac{(-1)^k}{(2k+1)!} x^{2k+1}$$
とすると, $f(x)$ はホロノミック級数である. 実際, $\partial^2 f + f = 0$ となるので, 定理 7.7 (3) が確かめられる. この場合は Bernstein フィルトレーションの増大度も簡単に調べることができて,
$$W_1(\mathbb{Q})f \subset \mathbb{Q}[x]\sin x \oplus \mathbb{Q}[x]\cos x$$
から $\dim F_i W_1(\mathbb{Q})f$ が i の一次式であることも分かる.

例 7.2　$f(z) = \sum_{k=0}^{\infty} 2^k z^k$, $g(z) = \sum_{k=0}^{\infty} 3^k z^k$ は共に超幾何級数で, ホロノミックでもある [3]. その和
$$f(z) + g(z) = \sum_{k=0}^{\infty} (2^k + 3^k) z^k$$
はホロノミックではあるが, 超幾何級数ではない.

例 7.3　$f(x) \in \mathbb{R}[\![x]\!]$ を次で与えられる形式的冪級数とする.
$$e^{e^x} = \exp(\exp x) = e + ex + ex^2 + \frac{5}{6}ex^3 + \frac{5}{8}ex^4 + \frac{13}{30}ex^5 + \frac{203}{720}ex^6 + \cdots$$
とすると $f(x)$ はホロノミック級数ではないことを背理法により示す. 仮に $f(x)$ がホロノミックであると仮定して, (7.16) を満たす多項式 $p_0, \cdots, p_m \in \mathbb{R}[x]$ ($p_0 \neq 0$) が存在したとする. これを変形して,
$$f^{(m)}(x) = q_1(x)f^{(m-1)}(x) + \cdots + q_m(x)f^{(0)}(x) \tag{7.23}$$
($q_i \in \mathbb{R}(x)$) という表示を持つ. 帰納法により, $k \geq 0$ に対して,

---

[3] §7.5 で超幾何級数がホロノミックであることを示す.

$$f^{(k)}(x) = e^{kx}e^{e^x} + o\left(e^{kx}e^{e^x}\right) \tag{7.24}$$

がわかる．これを使うと，(7.23) の右辺は高々 $e^{(m-1)x}e^{e^x}$ に有理関数をかけた増大度しか持たないが，それは左辺の主要項 $e^{mx}e^{e^x}$ より小さいので矛盾する．よって $f(x)$ はホロノミックではない．

つまり，一般の形式的冪級数はホロノミックではなく，微分の間の関係式を持つ特別な冪級数だけがホロノミックであることが分かる．

例 7.4 $f(x) = \sum_{n=0}^{\infty} n!x^n$ はホロノミック級数である．実際，$x(xf)' = f - 1$ がすぐに分かり，これをさらにもう一回微分して整理すると，

$$(x^2\partial^2 + (3x-1)\partial + 1)f = 0$$

を満たす．ちなみにこの $f(x)$ は収束半径が 0 の形式的冪級数である．

上の例のように，ホロノミック級数は収束半径が 0 になることもある．しかし収束半径が正であれば，微分方程式の一般論から，複素平面から有限個の点を除いた開集合に解析接続（一般には多価関数として）できることが分かる．

命題 7.10 $f(z) \in \mathbb{C}[\![z]\!]$ の収束半径が正で，微分方程式 (7.16) を満たしているとする．このとき $f(z)$ は $\mathbb{C}$ から有限集合を除いた開集合 $\mathbb{C} \setminus \{p_0 = 0\}$ へ解析接続できる．(一般には多価関数となる．) 特に $f(z)$ が解析接続できない点は高々有限個である．

これは複素領域の微分方程式論ではよく知られた事実であり，多くの微分方程式の本で扱われているのでここでは証明は述べない（たとえば [73, 定理 11.5]）．

例 7.5 $f(z) = \frac{1}{\cos z}$ はホロノミック級数ではない．というのも，もし $f(z)$ がホロノミックであれば，命題 7.10 より $\mathbb{C}$ から有限個の点を除いた開集合へ解析接続できるはずだが，$f(z)$ は，無限個の極 ($\frac{\pi}{2} + \mathbb{Z}\pi$) を持つ．このことから，ホロノミック級数の逆数は一般にはホロノミックではないことが分かる．同様に $\tan z, \frac{z}{e^z - 1}$ などもホロノミックではない．

7.4 代数関数のホロノミック性

まず簡単な注意として, 一変数形式的 Laurent 級数 $g(z) \in L_1(K)$ が有理関数のとき, つまり多項式 $p_0(z), p_1(z) \in K[z]$ が存在して $g(z) = \frac{p_1(z)}{p_0(z)}$ のとき, もしくは

$$p_0(z)g(z) = p_1(z) \tag{7.25}$$

が成立するとき, $g(z)$ はホロノミックである. なぜなら, $\deg p_1 = d$ とすると, (7.25) を $(d+1)$ 回微分することで

$$\partial^{d+1}(p_0(z)g(z)) = 0$$

という関係式が得られ, $\partial^{d+1}p_0(z) \in \mathrm{Ann}_{W_1(K)}(g)$ となるので, 系 7.8 より $g(z)$ がホロノミックであることが分かる. これを少し改変すれば, 代数関数のホロノミック性を示すことができる.

まず定義を思い出しておく. 形式的 Laurent 級数 $g(z) \in L_1(K)$ が**代数関数**であるとは, 自然数 m と有理関数 $q_1(z), \cdots, q_m(z) \in K(z)$ が存在して,

$$g(z)^m + q_1(z)g(z)^{m-1} + \cdots + q_{m-1}(z)g(z) + q_m(z) = 0 \tag{7.26}$$

を満たすことであった. このような m のなかで最小のものを $g(z)$ の $K(z)$ 上の次数と呼ぶ. このとき, $1, g(z), \cdots, g(z)^{m-1}$ は $K(z)$ 上のベクトル空間 $K(z,g)$ の基底をなす. ただし $K(z,g)$ は $K(z)$ に g を添加した拡大体である.

命題 7.11 $g(z) \in L_1(K)$ が代数関数であれば, $g(z)$ はホロノミック級数である.

証明 $k \geq 0$ に対して, $g^{(k)} \in K(z,g)$ を示せばよい. $g(z)$ の次数を m として, 関係式 (7.26) を満たしているとする. 微分すると,

$$g^{(1)} \cdot \left(mg^{m-1} + (m-1)q_1 g^{m-2} + \cdots + q_{m-1}\right) + \left(q_1^{(1)}g^{m-1} + \cdots + q_m^{(1)}\right) = 0$$

となり, これより $g^{(1)} \in K(z,g)$ を得る. あとは帰納的に

$$g^{(k)} \in K(z,g) \tag{7.27}$$

を証明することができる. □

上の命題によって, 代数関数はホロノミック級数の例を与える. しかしホロノミック級数の理論において代数関数が持つ重要性は, 単に例を与えるだけではなく, 代数関数による座標変換によってホロノミー性が不変であることを示す次の定理である.

定理 7.12 $f(z), g(z) \in L_1(K)$ をホロノミック級数, $g(z)$ は $g(z) = 0$ を満たす代数関数とする. このとき, 合成 $f(g(z))$ も $L_1(K)$ に含まれ, ホロノミック級数となる.

証明の前に, 例 7.3, 例 7.5 により, ホロノミック級数の合成は一般にはホロノミックではないことに注意. また, 定理 7.12 において, $g(0) = 0$ という仮定を外すと, $f \circ g$ はホロノミックではあるが, 級数の係数が K に入るとは限らない (後述の注意 7.2).

証明 まず $g(0) = 0$ より, 合成 $f(g(z))$ も K 係数の形式的 Laurent 級数になり, $f(g(z)) \in L_1(K)$ となることに注意する (証明は略). $f(z)$ がホロノミックであるという仮定より, ある自然数 m と有理関数 $q_1, \cdots, q_m \in K(z)$ が存在して,
$$f^{(m)} = q_1 f^{(m-1)} + \cdots + q_m f^{(0)}$$
を満たす (定理 7.7). これに $g(z)$ を代入して,
$$f^{(m)}(g(z)) = q_1(g(z)) f^{(m-1)}(g(z)) + \cdots + q_m(g(z)) f^{(0)}(g(z)) \quad (7.28)$$
が成り立つ. この関係式の係数 $q_i(g(z))$ は全て $K(z, g)$ に含まれる. さて, 我々が考えたい関数は $h(z) = f(g(z))$ である. (7.27) と (7.28) を使うと,
$$h^{(m)}(z) \in \sum_{i=0}^{m-1} K(z, g) f^{(i)}(g(z))$$
となることが示される. この右辺は $K(z)$ 上有限次元なので, 定理 7.7 より, $h(z)$ もホロノミックである. □

7.5 Fourier 変換

形式的 Laurent 級数 $f(z) = \sum_k a_k z^k \in R_1 = K[\![z]\!][z^{-1}]$ が持っている情報は, 単に係数の列 $\{a_n\}_{k \in \mathbb{Z}}$ なので, 単に数列だけを見て前節までの結果を定式化しなおすことができる (**Fourier 変換**). ホロノミック数列や級数のいくつかの性質は, Fourier 変換を通して初めて見えてくる. まず数列のクラスを定義する. 体 $K \subset \mathbb{C}$ に対して,

$$K(\mathbb{Z}) := \{a : \mathbb{Z} \longrightarrow K \mid n \ll 0 \text{ に対しては } a(n) = 0\}. \tag{7.29}$$

と定める.

定義 7.13 (Fourier 変換) $\mathcal{F} : L_1(K) \longrightarrow K(\mathbb{Z})$ を

$$\mathcal{F} : \sum_k a_k z^k \longmapsto (a : \mathbb{Z} \ni n \mapsto a(n) = a_n)$$

で定める.

$K(\mathbb{Z})$ は次の操作で閉じている. $a, b \in K(\mathbb{Z})$ に対して,

- **加法**. $(a+b)(n) = a(n) + b(n)$.
- **乗法**. $(a \cdot b)(n) = a(n) \cdot b(n)$.
- **たたみ込み**. $(a * b)(n) = \sum_{p+q=n} a(p)b(q)$.

これらの演算が, 形式的 Laurent 級数環の構造と次のように関係しているのは明らかであろう.

命題 7.14 $\mathcal{F} : L_1(K) \longrightarrow K(\mathbb{Z})$ は K-線形同型で, $f, g \in L_1(K)$ に対して次が成り立つ.

$$\mathcal{F}(f+g) = \mathcal{F}(f) + \mathcal{F}(g)$$

$$\mathcal{F}(f \cdot g) = \mathcal{F}(f) * \mathcal{F}(g)$$

$$\mathcal{F}(f * g) = \mathcal{F}(f) \cdot \mathcal{F}(g)$$

$$L_1(K) \xrightarrow{\mathcal{F}} K(\mathbb{Z})$$

和 　　　　　 和

積 　　　　　 たたみ込み

Hadamard 積 　　　　　 積

図 **7.1** Fourier 変換による対応関係

次に Weyl 代数に対応する $K(\mathbb{Z})$ に作用する代数を導入する. まず, $K(\mathbb{Z})$ の線形自己準同型のなす集合

$$\mathrm{End}_K(K(\mathbb{Z})) := \{\varphi : K(\mathbb{Z}) \longrightarrow K(\mathbb{Z}) \mid \varphi \text{ は } K\text{-線形写像}\}$$

を考える. この集合には, 写像の合成を積とするような非可換な K-代数の構造が入る. $\mathrm{End}_K(K(\mathbb{Z}))$ の元の例としては,

$$(sa)(n) = a(n+1)$$

で定義される**シフト作用素** $s : \mathrm{End}_K(K(\mathbb{Z})) \longrightarrow \mathrm{End}_K(K(\mathbb{Z}))$ や,

$$(ta)(n) = n \cdot a(n)$$

で定義される **Euler 作用素** $t : \mathrm{End}_K(K(\mathbb{Z})) \longrightarrow \mathrm{End}_K(K(\mathbb{Z}))$ などがある. これらの作用素は可換ではなく,

$$\begin{aligned}
([s,t]a)(n) &= s(ta)(n) - t(sa)(n) \\
&= (ta)(n+1) - n \cdot (sa)(n) \\
&= (n+1) \cdot a(n+1) - n \cdot a(n+1) \\
&= (sa)(n)
\end{aligned} \tag{7.30}$$

より, $[s,t] = s$ が成り立つ. またこれは $st = (t+1)s$ とも表され, $p(t) \in K[t]$, $k \in \mathbb{Z}$ に対して,

$$s^k p(t) = p(t+k) s^k \tag{7.31}$$

という交換関係が成り立つ.

定義 7.15 $s, s^{-1}, t \in \mathrm{End}_K(K(\mathcal{A}))$ で生成される $\mathrm{End}_K(K(\mathcal{A}))$ の K-部分代数を**シフト代数**といい, $\mathcal{S}_1(K)$ で表す.

(7.30) を使って,シフト代数の元 $\sigma \in \mathcal{S}_1(K)$ は

$$\sigma = \sum_{i \geq 0, j \in \mathbb{Z}} c_{ij} t^i s^j$$

($c_{ij} \in K$) という形に (一意的に) 表すことができる.

Weyl 代数の Laurent 級数環 $L_1(K)$ への作用は,Fourier 変換のシフト代数の作用として記述することができる. 次の命題は定義から直ちに分かる.

命題 7.16 $f(z) \in L_1(K)$ に対して,

- $\mathcal{F}(z \cdot f) = s^{-1} \mathcal{F}(f)$.
- $\mathcal{F}(\partial \cdot f) = st \mathcal{F}(f)$.

またこれから次が明らかであろう. (これが t を Euler 作用素と呼ぶ由来である.)

$$\mathcal{F}(z\partial f) = t \mathcal{F}(f).$$

さて $K(\mathbb{Z})$ の元で,線形な帰納的関係式を持つものを考えよう. よく知られている関係式としては,Fibonacci 数列

$$a(n) - a(n-1) - a(n-2) = 0$$

や,これを一般化した

$$c_0 a(n) + c_1 a(n-1) + \cdots c_k a(n-k) = 0$$

($c_i \in K$) などが挙げられるかもしれない. しかしこれらは Fourier 逆変換した形式的冪級数としては, 有理関数しかでてこず, 級数のクラスとしてはかなり小さい. もう少し一般的なクラスとして, 多項式係数の線形な再帰的関係式を満たす数列のクラスが Stanley によって次が導入された ([68, 70]).

定義 7.17 $a \in K(\mathbb{Z})$ が**多項式再帰的** (または **P-再帰的**) であるとは,自然数 $k \geq 1$ とシフト代数の元 $\sigma = P_0(t) s^0 + P_1(t) s^{-1} + \cdots + P_k(t) s^{-k} \in \mathcal{S}_1(K)$ ($\sigma \neq 0$) があって,$\sigma a = 0$ が成立すること.

ここで
$$\sigma a = P_0(t)s^0 a + P_1(t)s^{-1}a + \cdots + P_k(t)s^{-k}a$$
$(P_i(t) \in K[t])$ なので, $\sigma a = 0$ という条件は, 正確には,
$$P_0(n)a(n) + P_1(n)a(n-1) + \cdots + P_k(n)a(n-k) = 0 \tag{7.32}$$
が任意の $n \in \mathbb{Z}$ に対して成立することを意味する.

例 7.6 $a \in K(\mathbb{Z})$ が $a(n) - a(n-1) - a(n-2) = 0$ を満たせば, 多項式再帰的である. 実際, $\sigma = 1 - s^{-1} - s^{-2}$ とすれば $\sigma a = 0$.

例 7.7 $f(z)$ が超幾何級数であれば, $\mathcal{F}(f) = a$ は多項式再帰的である. 実際, 超幾何級数の定義より, 多項式 $p_0(t), p_1(t) \in K[t]$ が存在して,
$$\frac{a(n)}{a(n-1)} = \frac{p_1(n)}{p_0(n)}$$
が任意の $n \in \mathbb{Z}$ で成立する. $\sigma = p_0(t) - p_1(t)s^{-1}$ と置けば, $\sigma a = 0$ が成り立つ.

ホロノミック性の特徴づけである定理 7.7 (1), (2), (3) に加えて, 次の定理により, 多項式再帰性はホロノミック性と同値であることが分かる.

定理 7.18 $f(z) \in L_1(K)$ の Fourier 変換を $a = \mathcal{F}(f) \in K(\mathbb{Z})$ とする. このとき次は同値.

(1) $f(z)$ はホロノミック.

(4) $a \in K(\mathbb{Z})$ は多項式再帰的である.

(5) $s^k a, (k \in \mathbb{Z})$ が有理関数体 $K(t)$ 上生成するベクトル空間 $\sum_{k \in \mathbb{Z}} K(t) s^k a$ は $K(t)$ 上有限次元.

証明 (1) $\iff$ (4) の証明には, 定理 7.7 (3) (または系 7.8) と命題 7.16 を使う. まず $f(z)$ がホロノミックであると仮定すると, Weyl 代数の 0 でない元 $P(z, \partial) = \sum_{i,j} c_{ij} z^i \partial^j \in W_1(K)$ があって, $P(z, \partial)f = \sum_{i,j} c_{ij} z^i \partial^j f = 0$. 命題 7.16 を使ってこれを Fourier 変換すると,

が成り立つ．これを書き直すと多項式再帰性が分かる．逆に $a = \mathcal{F}(f)$ が多項式再帰的であるとすると, $\sigma(s,t) = \sum_{i,j} c_{ij} t^i s^{-j} \in \mathcal{S}_1(K)$ が存在して, $\sigma(s,t) a = 0$ が成り立つ．よって Fourier 逆変換することで,

$$\sigma(z^{-1}, z\partial) f = 0$$

が得られる．分母に現れる z の冪を消せば, f のホロノミック性が分かる．

次に (4) $\implies$ (5) を示す. $a \in K(\mathbb{Z})$ が多項式再帰的であるという仮定より,

$$p_0(t) s^0 a + p_1(t) s^{-1} a + \cdots + p_{k-1}(t) s^{-k+1} a + p_k(t) s^{-k} a = 0 \qquad (7.33)$$

($p_0, p_k \neq 0$) が成り立つ．このとき任意 $r \in \mathbb{Z}$ に対して, $s^r a$ は, $a, s^{-1} a, \cdots, s^{-k+1} a$ の $K(t)$ 係数一次結合で表すことができる．たとえば (7.33) を書き直すことで,

$$s^{-k} a = q_0(t) s^0 a + \cdots + q_{k-1}(t) s^{-k+1} a, \qquad (7.34)$$

$q_i \in K(t)$ という表示を得, これに左から s^{-1} をかけると, (7.31) を使って

$$s^{-k-1} a = q_0(t-1) s^{-1} a + \cdots + q_{k-1}(t-1) s^{-k} a, \qquad (7.35)$$

を得る．他 r も同様である．

(5) $\implies$ (4) は定義からほぼ自明である． $\square$

定理 7.18 と例 7.7 から次が分かる．

系 7.19 $f(z) \in L_1(K)$ が超幾何級数であれば, ホロノミックである．

本節最後の定理として, ホロノミック級数が Hadamard 積で閉じていることを示し, 定理 7.9 の証明を完成させよう．

命題 7.20 $f(z), g(z) \in L_1(K)$ がホロノミックであるとすると, Hadamard 積 $(f * g)(z)$ もホロノミックである．

証明 Fourier 変換と, 定理 7.18 によって, 以下を示せばよい:

$a, b \in K(\mathbb{Z})$ が多項式再帰的であるとき, 積 $a \cdot b$ も多項式再帰的である．

仮定から，ベクトル空間 $U := \sum_{k \in \mathbb{Z}} K(t)s^k a$ および $V := \sum_{k \in \mathbb{Z}} K(t)s^k b$ は $K(t)$ 上有限次元である．ベクトル空間 W を $W = \sum_{i,j \in \mathbb{Z}} K(t)(s^i a)(s^j b)$ と定義すると，

$$\begin{array}{ccc} U \otimes_{K(t)} V & \longrightarrow & W \\ \alpha \otimes \beta & \longmapsto & \alpha \cdot \beta \end{array}$$

は有限次元ベクトル空間 $U \otimes_{K(t)} V$ からの全射なので，W も有限次元である．$s^k(ab) \in W$ なので，$\{s^k(ab)\}_{k \in \mathbb{Z}}$ が生成する $K(t)$ 上のベクトル空間は有限次元であり，定理 7.18 より，ab も多項式再帰的である． □

以上が一変数ホロノミック級数の基本的な結果である．ホロノミック性は様々な特徴づけを持つので，どれを定義にしても同じである．おそらく一番初等的で他の知識を必要としないのは，(4) の多項式再帰性であろう．一方，一番抽象的なものは，Weyl 代数を作用させて得られる加群の次元によるもの (ホロノミック級数の定義そのもの) であろうか．確かに定義するだけなら (4) で定義をして，後は事実だけ述べるというのが一番簡単な気がする．しかし多項式再帰性という性質だけで基本性質を全て証明するのは困難である．多項式再帰性と微分方程式の両方の視点が同値であることを知って初めて色々なことを見通し良く証明できる．根源的には，シフト代数と Weyl 代数が実質的に同じものなのだが，生成元が違うため，それぞれ扱いやすい側面も異なっているということなのであろう．

例 7.8 次の数列の一般項を求める．

$$\begin{aligned} & a(n) = 0, (n < 0 \text{ のとき}), \\ & a(0) = a(1) = 1 \\ & (n+1)a(n+1) - (2n+1)a(n) + (n-1)a(n-1) = 0. \end{aligned} \quad (7.36)$$

再帰的関係式 (7.36) はシフト代数の作用を使って次のように書き換えられる．

$$(st - 2t + s^{-1}t)a = a.$$

$f(z) = \sum_{n=0}^{\infty} a(n)z^n$ と置いて，命題 7.16 を使って Fourier 逆変換をすると，

154　第 7 章　ホロノミック実数

$$(1-z)^2 \partial f = f$$

を得る. この微分方程式の解は, $f(z) = C \cdot e^{\frac{1}{1-t}}$ (C は定数) と表され, $f(0) = 1$ に注意すると, $C = e^{-1}$ であり, $f(z) = e^{\frac{t}{1-t}}$ を得る. $\frac{d^n}{dz^n}\frac{1}{(1-z)} = \frac{n!}{(1-z)^{n+1}}$ を使うと,

$$e^{\frac{t}{1-t}} = 1 + \sum_{n=0}^{\infty} \frac{t^{n+1}}{(n+1)!} \frac{1}{n!} \frac{d^n}{dt^n} \left(\sum_{k=0}^{\infty} t^k \right)$$

$$= 1 + \sum_{k=0}^{\infty} \left(\sum_{n=0}^{k} \frac{1}{(n+1)!} \binom{k}{n} \right) t^{k+1}.$$

よって, $n \geq 1$ に対して,

$$a(n) = \sum_{j=0}^{n-1} \frac{1}{(j+1)!} \binom{n-1}{j}$$

を得る.

注意 7.1　上の例 7.8 のように, ホロノミック級数は二項係数などを含む組合せ論的な恒等式の証明に応用を持つ. このような等式証明の一般論は [60] で展開されている.

例 7.9　$\alpha, \beta \in \mathbb{Q}$, $n \in \mathbb{Z}_{\geq 0}$ に対して $a_n = \frac{\alpha}{n!}$, $b_n = \frac{(-1)^n \beta}{2n+1}$ として, $c_n = a_n + b_n$ と置く. $a_{n-1} = na_n$, $b_{n-1} = -\frac{2n+1}{2n-1}b_n$ より, a_n, b_n 共に多項式再帰的数列 (さらに超幾何数列) である. よって和 $c_n = a_n + b_n$ も多項式再帰的になるはずである. c_n の満たす再帰的関係式を求めてみよう.

$$c_n = a_n + b_n$$

$$c_{n-1} = na_n - \frac{2n+1}{2n-1}b_n$$

$$c_{n-2} = n(n-1)a_n + \frac{2n+1}{2n-3}b_n$$

を得る. この三つの式を使って, a_n, b_n を消去すると,

$$c_n = -\frac{(2n-1)(2n^3 - 5n^2 + n - 1)}{n(2n+1)(2n^2 - 3n + 2)} \cdot c_{n-1} + \frac{(2n-3)(2n^2 + n + 1)}{n(2n+1)(2n^2 - 3n + 2)} \cdot c_{n-2}$$

という関係式が得られる. この数列は, 作り方から $\alpha = 1, \beta = 4$ のとき, $\sum a_n = e, \sum b_n = \pi$ となるので, $\sum_{n=0} c_n = e + \pi$ を得る.

問題 7.1 (i) $K = \mathbb{Q}$ として, $f(z) \in L_1(\mathbb{Q})$ はホロノミック級数とする. このとき, $f(1)$ が収束するかどうかを判定するアルゴリズムはあるか?

(ii) $K = \mathbb{Q}$ として, $a \in \mathbb{Q}(\mathbb{Z})$ は多項式再帰的とする. このとき, 数列 $\{a(n)\}_{n=1,2,\ldots}$ がコーシー列かどうかを判定するアルゴリズムはあるか? 言い換えると $\lim_{n \to \infty} a(n)$ が存在するかどうかを判定するアルゴリズムはあるか?

上の問題 (および次の問題) において, "多項式再帰的な数列 $\{a(n)\}$ を与える" というのは, (数列を一意に定めるのに十分な) いくつかの初期値と, 再帰的な線形関係式を与えることである. 上の (i), (ii) は一見違う問題に見えるかもしれないが, 次の関係式から同値であることが分かる.

$$\frac{1}{1-z} \sum_{n=0}^{\infty} a_n z^n = \sum_{n=0}^{\infty} (a_0 + \cdots + a_n) z^n.$$

一般のホロノミックな級数や多項式再帰的の収束を判定する問題は筆者が知る限り大変難しい. より簡単に見える次の問題も筆者は答えを知らない (ホロノミック数列の 0-認識問題).

問題 7.2 $a \in \mathbb{Q}(\mathbb{Z})$ は多項式再帰的とする. このとき, $\lim_{n \to \infty} a(n) = 0$ か否かを判定するアルゴリズムは存在するか?

7.6 ホロノミック級数：多変数

本節では多変数のホロノミック級数の性質を証明なしでまとめる. 証明方針は, 記号が煩雑になるだけで, 一変数の場合と全く同じである. 一変数の場合と同様に, 体 $K \subset \mathbb{C}$ に対して, $K(\mathbb{Z}^n)$ を, 写像 $a : \mathbb{Z}^n \longrightarrow K$ であって, ある $N \in \mathbb{Z}$ が存在して,

$$\{I \in \mathbb{Z}^n \mid a(I) \neq 0\} \subset [-N, \infty)^n$$

を満たすもの全体の集合とする.

$K(\mathbb{Z}^n)$ は次の操作で閉じている. $a, b \in K(\mathbb{Z}^n)$ に対して,

- **加法**. $(a+b)(I) = a(I) + b(I), (I \in \mathbb{Z}^n)$.
- **乗法**. $(a \cdot b)(I) = a(I) \cdot b(I)$.
- **たたみ込み**. $(a * b)(I) = \sum_{J+K=I} a(J)b(K)$.

が定義される．また Fourier 変換 $\mathcal{F}: L_n(K) \longrightarrow K(\mathbb{Z}^n)$ を，冪級数 $f(z) = \sum_{I \in \mathbb{Z}^n} a_I z^I$ に対して，

$$\mathcal{F}(f)(I) = a_I$$

で定める．このとき，$\mathcal{F}$ は K-線形同型で，さらに

$$\mathcal{F}(f+g) = \mathcal{F}(f) + \mathcal{F}(g)$$
$$\mathcal{F}(f \cdot g) = \mathcal{F}(f) * \mathcal{F}(g)$$
$$\mathcal{F}(f * g) = \mathcal{F}(f) \cdot \mathcal{F}(g)$$

が成り立つ．

次に多変数のシフト代数を定義する．$a \in K(\mathbb{Z}^n), I = (i_1, \cdots, i_n) \in \mathbb{Z}^n$ に対して，

$$(t_p a)(I) = i_p \cdot a(I),$$
$$(s_p a)(I) = a(i_1, \cdots, i_p + 1, \cdots, i_n),$$

と定める．$K(\mathbb{Z}^n)$ の線形自己準同型のなす K-代数を $\mathrm{End}_K(K(\mathbb{Z}^n))$ で表す．$t_1, \cdots, t_n, s_1, \cdots, s_n$ で生成される $\mathrm{End}_K(K(\mathbb{Z}^n))$ の部分代数を**シフト代数**といい，$\mathcal{S}_n(K)$ で表す．シフト代数 $\mathcal{S}_n(K)$ は，K 上 $t_1, \cdots, t_n, s_1, \cdots, s_n$ で生成されて，関係式

$$[t_p, t_q] = [s_p, s_q] = 0,$$
$$[s_p, t_q] = \delta_{pq} s_p,$$

で定義される代数と同型である．

定理 7.21 n 変数の形式的 Laurent 級数 $f(z) \in L_n(K)$ に対して，次は同値．

(1) f はホロノミック級数，つまり $d(W_n(K) \cdot f) = n$.

(2) $f(z)$ の偏微分たちが生成するベクトル空間 $\sum_I K(z_1,\cdots,z_n)\partial^I f$ は $K(z_1,\cdots,z_n)$ 上有限次元.

(3) $\mathcal{F}(f)$ のシフトたちが生成するベクトル空間 $\sum_I K(t_1,\cdots,t_n)\boldsymbol{s}^I \mathcal{F}(f)$ は $K(t_1,\cdots,t_n)$ 上有限次元.

一変数の場合とは異なり注意が必要な点は, 多変数のホロノミック級数は解が有限次元となるような微分方程式系を定める必要があるという点である. 一つの関係式では, ホロノミック性を保証できない.

定理 7.22 ホロノミック級数のクラスは以下の操作で閉じている.

(1) n 変数の形式的 Laurent 級数 $f(z), g(z) \in L_n(K)$ がホロノミックであれば, 和 $f(z)+g(z)$, 積 $f(z) \cdot g(z)$, Hadamard 積 $f(z) * g(z)$, 積分 $\int_0^{z_1} f(z) dz_1$ もホロノミックである.

(2) n 変数の形式的 Laurent 級数 $f(z), g(z) \in L_n(K)$ がホロノミックで, k 変数の形式的 Laurent 級数 $g_1(\boldsymbol{y}), \cdots, g_n(\boldsymbol{y}) \in L_k(K)$ は有理関数体 $K(y_1,\cdots,y_k)$ 上の代数関数で $g_i(0,\cdots,0) = 0$ が成り立つとする. このとき, 合成関数 $f(g_1(\boldsymbol{y}),\cdots,g_n(\boldsymbol{y})) \in L_k(K)$ は $y_1,\cdots,y_k$ に関するホロノミック級数である.

注意 7.2 上の定理 7.22 の (2) において, 代数関数 g_i が $g_i(0,\cdots,0) = 0$ を満たさなかったとしても, 合成 $f(g_1,\cdots,g_n)$ はホロノミック級数である. ただし, この場合, 級数の係数が K に入っているとは限らない. たとえば $f(z) = e^z$, $g(y) = 1+y$ とすると, $f(z)$ は有理数係数のホロノミック級数であるが,

$$f(g(y)) = e^{1+y} = e \cdot \left(1 + \frac{z}{1!} + \frac{z^2}{2!} + \frac{z^3}{3!} + \cdots\right)$$

となり, 係数に無理数 e が出てくる.

多変数のホロノミック級数の例を網羅的に挙げることはできないが, 上記の性質やそれ以外の性質から多くの級数がホロノミックであることが分かる. ここでは一例として, $k_1,\cdots,k_n \in \mathbb{Z}_{>0}$ ($k_1 > 1$) に対して, 次の級数

$$f(z_1,\cdots,z_n) = \sum_{m_1>m_2>\cdots>m_n>0} \frac{z_1^{m_1}z_2^{m_2}\cdots z_n^{m_n}}{m_1^{k_1}m_2^{k_2}\cdots m_n^{k_n}} \tag{7.37}$$

がホロノミック級数であることを証明する．ちなみに，この級数の $z_1=\cdots=z_n=1$ での値は多重ゼータ値 (定義 2.2)

$$f(1,1,\cdots,1) = \zeta(k_1,k_2,\cdots,k_n)$$

である．

まず $k\geq 1$ に対して，

$$g(z) = \sum_{m=1}^{\infty} \frac{z^m}{m^k}$$

は超幾何級数なので，ホロノミックである．次にホロノミック級数の"引き戻し"がホロノミックであることが次の命題から分かる．

命題 7.23 $f(z_1,\cdots,z_{n-1})$ が $(n-1)$ 変数のホロノミック級数であれば，$z_1,\cdots,z_n$ に関する n 変数の形式的 Laurent 級数としてもホロノミックである．

証明 仮定より，$\langle \partial_1^{i_1}\cdots\partial_{n-1}^{i_{n-1}} f\rangle$ は $K(z_1,\cdots,z_{n-1})$ 上の有限次元ベクトル空間である．$\partial_n f = 0$ に注意すると，$\langle \partial_1^{i_1}\cdots\partial_{n-1}^{i_{n-1}}\partial_n^{i_n} f\rangle$ は $K(z_1,\cdots,z_{n-1},z_n)$ 上の有限次元ベクトル空間であることも分かる． □

命題 7.23 および，ホロノミック級数の積がホロノミックであることから，

$$\left(\sum_{m_1=1}^{\infty} \frac{z_1^{m_1}}{m_1^{k_1}}\right)\cdots\left(\sum_{m_n=1}^{\infty} \frac{z_n^{m_n}}{m_n^{k_n}}\right) = \sum_{m_1,\cdots,m_n>0} \frac{z_1^{m_1}\cdots z_n^{m_n}}{m_1^{k_1}\cdots m_n^{k_n}} \tag{7.38}$$

はホロノミックである．あとは次の命題が示されれば (7.37) がホロノミックであることが分かる．

命題 7.24 $$g(z_1,\cdots,z_n) = \sum_{i_1,\cdots,i_n>0} a_{i_1\cdots i_n} z_1^{i_1}\cdots z_n^{i_n}$$

がホロノミックであれば，

$$g_>(z_1,\cdots,z_n) = \sum_{i_1>\cdots>i_n>0} a_{i_1\cdots i_n} z_1^{i_1}\cdots z_n^{i_n}$$

もホロノミック級数である．

証明 $h(z)$ を次で定義する.
$$h(z_1,\cdots,z_n) = \frac{z_1^{n+1}z_2^n\cdots z_{n-1}^2 z_n}{(1-z_1)(1-z_1z_2)\cdots(1-z_1z_2\cdots z_n)}$$
$$= \sum_{i_1>\cdots>i_n>0} z_1^{i_1}z_2^{i_2}\cdots z_n^{i_n}$$

これは有理関数 (代数関数) なので, ホロノミックである. $g_>(z)$ は, g と h の Hadamard 積 $g_>(z) = g*h$ なので, ホロノミックである. □

しかし一般に多変数の級数のホロノミック性／非ホロノミック性の区別は難しい. 次の例では, i_1 または i_2 のどちらかを固定すると超幾何級数になるにもかかわらず, 二変数の級数としてはホロノミックではない例である.

例 7.10
$$f(z_1,z_2) = \sum_{n_1,n_2\geq 1} n_1^{n_2} z_1^{n_1} z_2^{n_2}$$
はホロノミック級数ではないことを示す.

証明 Fourier 変換して, $a(n_1,n_2) = n_1^{n_2}$ のシフトたち $s_1^{k_1}s_2^{k_2}a(n_1,n_2)$ が有理関数体 $\mathbb{Q}(t_1,t_2)$ 上で無限次元ベクトル空間を生成することを示せばよい (定理 7.21 (3)). より正確には, $\{s_1^{k_1}a(n_1,n_2)\}_{k_1\leq 0}$ が $\mathbb{Q}(t_1,t_2)$ 上一次独立であることを背理法で証明する. 仮に $s_1^0 a(n_1,n_2), s_1^{-1}a(n_1,n_2),\cdots,s_1^{-k}a(n_1,n_2)$ の間に線形関係式
$$p_0(t_1,t_2)a + p_1(t_1,t_2)s_1 a + \cdots + p_k(t_1,t_2)s_1^k a = 0$$
が存在したとする ($p_i \in \mathbb{Q}[t_1,t_2]$). つまり任意の $n,m\geq 1$ に対して,
$$p_0(n,m)n^m + p_1(n,m)(n-1)^m + \cdots + p_k(n,m)(n-k)^m = 0$$
が成り立つ. n を十分大きく固定して, m に関する多項式として, $p_0(n,m)\not\equiv 0$ を満たすようにしておく. このとき, $p_0(n,m)=0$ となる m は高々有限個であることに注意する. 上の式を整理して,
$$n^m = -\frac{p_1(n,m)}{p_0(n,m)}(n-1)^m - \cdots - \frac{p_k(n,m)}{p_0(n,m)}(n-k)^m$$
を得る. 両辺を $(n-1)^m$ で割ると,

$$\left(\frac{n}{n-1}\right)^m = -\frac{p_1(n,m)}{p_0(n,m)} - \frac{p_2(n,m)}{p_0(n,m)}\left(\frac{n-2}{n-1}\right)^m - \cdots - \frac{p_k(n,m)}{p_0(n,m)}\left(\frac{n-k}{n-1}\right)^m$$

n を固定したまま $m \to \infty$ とすると，左辺は指数関数的に増大するが，右辺は高々多項式の増大度なので，矛盾である．よって $f(z_1, z_2)$ はホロノミックではない． □

7.7 定義可能ホロノミック級数

$K \subset \mathbb{C}$ に対して，K-係数のホロノミック級数の一般論を見てきた．我々はホロノミック級数から決まる実数 (や複素数) の集合に注目するので，K-係数のホロノミック級数だけを考察の対象にしても良いのだが，多変数のホロノミック級数に数を代入する際には代入の順番に依存して値が変わることがある．このように代入の順番を正しく扱うために，以下のように考察の対象を少し広げておく方が良いように思われる．

定義 7.25 $K \subset \mathbb{C}$ と $n \geq 0$ に対して，n 変数の**定義可能ホロノミック級数**のクラス $\mathcal{H}ol_n(K)$ を次で定める．

(1) n 変数の K-係数ホロノミック級数 $f(z_1, \cdots, z_n) = \sum_{i_1, \cdots, i_n} a_{i_1 \cdots i_n} z_1^{i_1} \cdots z_n^{i_n}$ は $\mathcal{H}ol_n(K)$ に含まれる．

(2) $f(z_1, \cdots, z_n) \in \mathcal{H}ol_n(K)$ として，$\beta \in K$ を固定する．任意の $i_2, \cdots, i_n \in \mathbb{Z}$ に対して，$\sum_{i_1 \in \mathbb{Z}} a_{i_1 i_2 \cdots i_n} \beta^{i_1}$ が $\mathbb{C}$ で収束すると仮定する．(これを z_1 に β が代入可能であるということにする．) このとき，

$$f(z_1, \cdots, z_n)|_{z_1 = \beta} = f(\beta, z_2, \cdots, z_n) \\ := \sum_{i_2, \cdots, i_n}\left(\sum_{i_1} a_{i_1 i_2 \cdots i_n} \beta^{i_1}\right) z_2^{i_2} \cdots z_n^{i_n} \quad (7.39)$$

は $n-1$ 変数の定義可能ホロノミック級数 $\mathcal{H}ol_{n-1}(K)$ に含まれる．

(3) 上の操作で得られるものだけを定義可能ホロノミック級数と呼ぶ．

つまり，K-係数ホロノミック級数のいくつかの変数に K の元を代入して得られる級数のことを定義可能ホロノミック級数と呼ぶことにする．

例 7.11 級数が $f(z_1, \cdots, z_n)$ が $K(z_1, \cdots, z_n)$ 上の代数関数で z_1 に $\beta \in \mathbb{C}$ が代入可能であるとする. このとき, $f(z_1, \cdots, z_n)|_{z_1 = \beta}$ も代数関数である.

K-係数のホロノミック級数に特殊な値を代入して得られるものは再びホロノミックであるが, 注意 7.2 で見たように, 係数が元の K に含まれているとは限らない. また, 和が絶対収束しない場合, 代入の順番も重要である (下記例 7.12).

例 7.12 二変数の $\mathbb{Q}$ 係数ホロノミック級数 $f(z_1, z_2)$ を

$$f(z_1, z_2) = (z_1 - z_2) \sum_{n=0}^{\infty} \left(1 - \frac{1}{2^{n+1}}\right) z_1^n z_2^n \tag{7.40}$$

で定める. このとき, $f(1, z_2) = \sum_{n=0}^{\infty} \frac{z_2^n}{2^{n+1}}$, $f(z_1, 1) = -\sum_{n=0}^{\infty} \frac{z_1^n}{2^{n+1}}$ なので,

$$(f|_{z_1=1})|_{z_2=1} = 1, \quad (f|_{z_2=1})|_{z_1=1} = -1$$

である.

$\overline{\mathbb{Q}}$ 係数のホロノミック級数の特殊値を数のクラスとして扱おうというのが我々の動機であった. 上で見たように, 代入は順序も注意する必要があり,「ある点での値」という言い方では定義があいまいになる.

7.8 ホロノミック数

定義 7.26 $\overline{\mathbb{Q}}$ 上定義可能ホロノミックな定数関数 $\eta \in \mathcal{H}ol_0(\overline{\mathbb{Q}})$ の元を**ホロノミック数**と呼ぶ.

以下の数は全てホロノミック数である: π, $\log 2$, e, $\frac{1}{\pi}$ (公式 (7.8) 参照), 多重ゼータ値 ((7.37) 参照). さらに, (Ayoub の結果を使うことで) Kontsevich-Zagier の周期はすべてホロノミック数であることが分かる.

定理 7.27 周期はホロノミック数である.

証明 Ayoub による周期の定式化 (§2.4) により, 周期は閉円盤 $\{(z_1, \cdots, z_n) \in \mathbb{C}^n \mid |z_i| \leq 1\}$ の近傍で絶対収束する代数関数 $f(\boldsymbol{z}) = \sum a_{i_1 \cdots i_n} z_1^{i_1} \cdots z_n^{i_n} \in$

$\overline{\mathbb{Q}}[z_1, \cdots, z_n]$ を使って

$$\int_{[0,1]^n} f(z_1, \cdots, z_n) dz_1 \cdots dz_n \tag{7.41}$$

と表される. 定理 7.22 より, 積分

$$\int_0^{z_1} \cdots \int_0^{z_n} f(z_1, \cdots, z_n) dz_1 \cdots dz_n$$

もホロノミック級数なので, (7.41) はホロノミック数である. □

問題 7.3 Euler 定数 $\gamma = 0.5772\cdots$ は次で定義される数である.

$$\gamma = \lim_{n \to \infty} \left(\sum_{k=1}^n - \log n \right). \tag{7.42}$$

γ はホロノミック数であるか?

注意 7.3 Euler 自身が γ の近似計算に使った式 ([37, p. 132])

$$1 - \gamma = \sum_{i=2}^{\infty} \sum_{r=2}^{\infty} \frac{1}{ir^i} \tag{7.43}$$

は, 一見してホロノミック級数を定義しそうに見えるのだが, 例 7.10 と同様に, ホロノミック級数ではないことが分かるので, $\gamma \in \mathcal{H}ol_0(\overline{\mathbb{Q}})$ かどうかは筆者には分からない.

7.9 定義可能ホロノミック級数の変換規則

ホロノミック級数の和, 積および代数関数による座標変換は代入の操作と可換である. またある種の条件 (絶対収束性) を課せば代入の順番も交換可能である. 定義可能ホロノミック級数の間の等号, 特にホロノミック数の間の等号は, 上の操作を繰り返すだけで証明可能なのではないか, という問題を定式化しよう.

定義可能ホロノミック級数の変換規則を定義する. 以下では代入は第一, 第二変数のみで行うが, 他の変数への代入も同様である.

定義 7.28 (i) (**和の規則**) $f, g \in \mathcal{H}ol_n(\overline{\mathbb{Q}})$, $\beta \in \overline{\mathbb{Q}}$ に対して, (代入可能であれば)
$$((f+g)|_{z_1=\beta}) = (f|_{z_1=\beta}) + (g|_{z_1=\beta}).$$

(ii) (**代入の順序交換規則**) $f(z_1, \cdots, z_n) = \sum_{i_1 \cdots i_n} a_{i_1 \cdots i_n} z_1^{i_1} \cdots z_n^{i_n}$ が n 変数の定義可能ホロノミック級数 ($f \in \mathcal{H}ol_n(\overline{\mathbb{Q}})$) で, $i_3, \cdots, i_n$ を固定するごとに, 二重級数 $\sum_{i_1, i_2} a_{i_1 i_2 i_3 \cdots i_n}$ は絶対収束すると仮定する. このとき,
$$((f|_{z_1=1})|_{z_2=1}) = ((f|_{z_2=1})|_{z_1=1})$$
が成り立つ.

(iii) (**座標変換規則**) $f(z_1, \cdots, z_n)$ は $\overline{\mathbb{Q}}$ 上定義可能なホロノミック級数で, $g_1(y_1, \boldsymbol{y}'), \cdots, g_n(y_1, \boldsymbol{y}')$ は $\overline{\mathbb{Q}}$ 係数の代数関数とする. $\beta \in \overline{\mathbb{Q}}$ とすると, (代入可能性を仮定すると) $g_i|_{y_1=\beta}$ は $\overline{\mathbb{Q}}$ 係数の代数関数で, $\overline{\mathbb{Q}}$ 上定義可能ホロノミック級数の間の等式
$$f(g_1, \cdots, g_n)|_{y_1=\beta} = f((g_1|_{y_1=\beta}), \cdots, (g_n|_{y_1=\beta})),$$
が成り立つ.

(iv) (**積の規則**) $f, g \in \mathcal{H}ol_n(\overline{\mathbb{Q}})$ は定義可能ホロノミック級数で, $\beta \in \overline{\mathbb{Q}}$ とする. $f|_{z_1=\beta}, g|_{z_1=\beta}, (f \cdot g)|_{z_1=\beta}$ は全て収束するとする. このとき,
$$(f|_{z_1=\beta}) \cdot (g|_{z_1=\beta}) = (f \cdot g)|_{z_1=\beta},$$
が成立する.

注意 7.4 「積の規則」において, 最初から各項の代入可能性を仮定するのが無難であろう. $A = \sum a_n$, $B = \sum b_n$ が収束する級数のとき, $c_n = \sum_{p+q=n} a_p b_q$ の和 $C = \sum c_n$ が収束するかどうかはデリケートな問題である. これについては以下が知られている ([50, p. 91, p. 145], [35, Chap. 10] などを参照).

- $A = \sum a_n$ または $B = \sum b_n$ の少なくとも一方が絶対収束すれば, $C = \sum c_n$ も収束し, $C = AB$ である. (Mertens の定理)

- $A = \sum a_n, B = \sum b_n, C = \sum c_n$ が全て収束すれば $C = AB$ (Abel の定理の応用).
- A, B が共に条件収束の場合は, C が収束しないことがある [4]. たとえば $a_n = b_n = \frac{(-1)^n}{\sqrt{n+1}}$ $(n \geq 0)$ とすると,

$$c_n = (-1)^n \left[\frac{1}{\sqrt{1 \cdot (n+1)}} + \frac{1}{\sqrt{2 \cdot n}} + \frac{1}{\sqrt{3 \cdot (n-1)}} + \cdots + \frac{1}{\sqrt{(n+1) \cdot 1}} \right]$$

となり, $\frac{1}{\sqrt{p \cdot (n+1-p)}} \geq \frac{1}{\sqrt{(n+1) \cdot (n+1)}} = \frac{1}{n+1}$ に注意すると, $|c_n| \geq 1$ となり, $\sum c_n$ は収束しない.

次の問題を定式化するのが目標であった.

問題 7.4 二つの定義可能ホロノミック級数 $f(z_1, \cdots, z_n), g(z_1, \cdots, z_n) \in \mathcal{H}ol_n(\overline{\mathbb{Q}})$ が

$$f(\boldsymbol{z}) = F(\boldsymbol{z}, x_1, \cdots, x_k)|_{x_1 = \beta_1}|_{x_2 = \beta_2} \cdots |_{x_k = \beta_k}$$
$$g(\boldsymbol{z}) = G(\boldsymbol{z}, y_1, \cdots, y_l)|_{y_1 = \gamma_1}|_{y_2 = \gamma_2} \cdots |_{y_l = \gamma_l}$$

で与えられているとする (F, G は $\overline{\mathbb{Q}}$-係数ホロノミック級数). もし $f = g$ であれば, 上の変換規則 (i)〜(iv) だけを使って, f から g を導くことができるか? (もしくは後述の (v) を加えれば導くことができるか?)

この予想の特殊な場合として, 以下のように「円周率 π に関係した級数は本質的に一種類である」という予想を定式化することができる. 本章の最初 (7.4)–(7.8) で見たように, 円周率 π を表示する級数の多くは超幾何級数で, 特にホロノミックである. つまり, 一変数のホロノミック級数 $\sum_n a_n z^n$ に $z = 1$ を代入することで得られる級数

$$\left(\sum_n a_n z^n \right) \bigg|_{z=1}$$

とみなすことができる. 円周率に関する公式を一つ定めると (たとえば Leibniz

---

[4] ホロノミックでこのような例があるかどうか筆者は知らない.

の公式), 他の公式は全て上の変換規則だけで得られるのではないか, というのが予想である.

級数の変形規則が上の (i)～(iv) (または後述 (v)) で十分なのかどうかは筆者には分からないが, いくつかの例では十分である.

例 7.13 等式

$$\sum_{i,j=0}^{\infty} \frac{1}{(2^i(2j+1))^2} = \sum_{n=1}^{\infty} \frac{1}{n^2} \tag{7.44}$$

を考える. この等号自体は, 全ての自然数が $n = 2^i(2j+1)$ という形に一意的に表示できることから明らかだが, ホロノミック級数の変形規則 (i)～(iv) だけで証明してみよう.

$$f(x,y) = \sum_{i,j=0}^{\infty} \frac{x^i y^j}{2^{2i}(2j+1)^2}$$
$$= \left(\sum_{i=0}^{\infty} \frac{x^i}{2^{2i}}\right) \left(\sum_{j=0}^{\infty} \frac{y^j}{(2j+1)^2}\right),$$
$$g(z) = \sum_{n=1}^{\infty} \frac{z^n}{n^2},$$

と置く. このとき, $f(1,1) = g(1)$ を変形規則 (i)～(iv) だけで証明する. まず,

$$g(z) - \frac{1}{4}g(z^2) = \sum_{k=0}^{\infty} \frac{z^{2k+1}}{(2k+1)^2}$$

が成立することに注意しよう. 両辺に $z = 1$ を代入して和の規則 (i) および座標変換の規則 (iii) を使うと

$$\frac{3}{4}\sum_{n=1}^{\infty} \frac{1}{n^2} = \frac{3}{4}g(1) = \sum_{k=0}^{\infty} \frac{1}{(2k+1)^2} \tag{7.45}$$

が得られる. 一方で, $\sum_{i=0}^{\infty} \frac{x^i}{2^{2i}} = \frac{1}{1-\frac{x}{4}}$ が代数関数であることから, 座標変換の規則 (iii) および積の規則 (iv) より,

$$f(1,y) = \frac{4}{3}\sum_{j=1}^{\infty} \frac{y^j}{(2j+1)^2} \tag{7.46}$$

を得る. 式 (7.45), (7.46) を比較することで, $g(1) = f(1,1)$ を得る.

次の例も変形規則 (i)～(iv) で証明可能であるが, 変形規則の適用方法は省略する.

例 7.14 ([85, §1]). $\zeta(2) = \frac{\pi^2}{6}$ から $\zeta(4) = \frac{\pi^4}{90}$ を導出する. ($F(z) = \sum \frac{z^n}{n^2}, G(z) = \sum \frac{z^n}{n^4}$ と置いたとき, $F(z)^2|_{z=1} = \frac{5}{2}G(z)|_{z=1}$ を変形規則を使って示す.)

二変数関数 $f(m,n)$ を

$$f(m,n) = \frac{1}{mn^3} + \frac{1}{2m^2n^2} + \frac{1}{m^3n}$$

と定義する. この関数は次の関係式を満たす.

$$f(m,n) - f(m+n,n) - f(m,m+n) = \frac{1}{m^2n^2}.$$

よって

$$\zeta(2)^2 = \sum_{m,n} \frac{1}{m^2n^2}$$
$$= \sum_{m,n} (f(m,n) - f(m+n,n) - f(m,m+n))$$
$$= \left(\sum_{m,n} - \sum_{m>n>0} - \sum_{n>m>0}\right) f(m,n)$$
$$= \sum_n f(n,n) = \frac{5}{2}\zeta(4).$$

これから $\zeta(4) = \frac{\pi^4}{90}$ が分かる. $\zeta(6) = \frac{\pi^6}{945}$ 等も ($f(m,n)$ の定義を変えると) 同様に示される ([85]).

7.10 他の変形規則

次の例では, Leibniz の公式

$$\frac{\pi}{4} = \sum_{k=0}^{\infty} \frac{(-1)^k}{2k+1} \tag{7.47}$$

から Euler の公式 $\zeta(2) = \frac{\pi^2}{6}$ の導出を Hovstad [43] に従って行う [5].

---

[5] ただし後述するように, これが (i)～(iv) だけで証明できるかどうかは不明である.

例 7.15 Leibniz の公式から Euler の公式 $\zeta(2) = \frac{\pi^2}{6}$ を導く.

$$b_k = \frac{1}{(4k+2)^2 - 1}$$
$$= \frac{1}{2}\left(\frac{1}{(4k+2)-1} - \frac{1}{(4k+2)+1}\right)$$

と置く. これを使うと, Leibniz の公式 (7.47) は

$$\sum_{k=0}^{\infty} b_k = \frac{\pi}{8}$$

と表すことができる. (7.45) より, Euler の公式の証明には次を示せばよい.

$$\sum_{k=0}^{\infty} \frac{1}{(2k+1)^2} = 8\left(\sum_{k=0}^{\infty} b_k\right)^2 \tag{7.48}$$

を示せばよい.

次はすぐ分かる.

$$b_k b_l = -\frac{b_k - b_l}{(4k+2)^2 - (4l+2)^2}. \tag{7.49}$$

これを使って (7.48) の証明をする.

$$\left(\sum_{k=0}^{\infty} b_k\right)^2 = \sum_{k=0}^{\infty} b_k^2 + \sum_{k \neq l} b_k b_l$$
$$= \sum_{k=0}^{\infty} b_k^2 + 2 \sum_{0 \leq k < l}^{\infty} b_k b_l \tag{7.50}$$
$$= \sum_{k=0}^{\infty} b_k^2 - 2 \sum_{0 \leq k < l} \frac{b_k - b_l}{(4k+2)^2 - (4l+2)^2}.$$

最後の式をそれぞれ変形する.

$$\sum_{k=0}^{\infty} b_k^2 = \sum_{k=0}^{\infty} \left\{\frac{1}{2}\left(\frac{1}{(4k+2)-1)} - \frac{1}{(4k+2)+1)}\right)\right\}^2$$
$$= \frac{1}{4} \sum_{k=0}^{\infty} \left\{\frac{1}{(4k+1)^2} + \frac{1}{(4k+3)^2} - 2b_k\right\} \tag{7.51}$$
$$= \frac{1}{4} \sum_{k=0}^{\infty} \frac{1}{(2k+1)^2} - \frac{1}{2} \sum_{k=0}^{\infty} b_k$$

168　第 7 章　ホロノミック実数

$$\sum_{0\leq k<l} \frac{b_l - b_k}{(4l+2)^2 - (4k+2)^2}$$
$$= \sum_{0\leq k<l} \frac{b_l}{(4l+2)^2 - (4k+2)^2} - \sum_{0\leq k<l} \frac{b_k}{(4l+2)^2 - (4k+2)^2}$$
$$= \sum_{l=1}^{\infty} b_l \sum_{k=0}^{l-1} \left\{ \frac{1}{4k+4l+4} + \frac{1}{4l-4k} \right\} \cdot \frac{1}{8l+4}$$
$$\quad - \sum_{k=1}^{\infty} b_k \sum_{l=k+1}^{\infty} \left\{ \frac{1}{4l-4k} + \frac{1}{4l+4k+4} \right\} \cdot \frac{1}{8k+4} \qquad (7.52)$$
$$= \frac{1}{16} \sum_{l=1}^{\infty} \frac{b_l}{2l+1} \cdot \sum_{k=0}^{l-1} \left\{ \frac{1}{l+k+1} + \frac{1}{l-k} \right\}$$
$$\quad - \frac{1}{16} \sum_{k=0}^{\infty} \frac{b_k}{2k+1} \cdot \sum_{l=k+1}^{\infty} \left\{ \frac{1}{l-k} - \frac{1}{l+k+1} \right\}$$

ここで

$$\sum_{k=0}^{l-1} \left\{ \frac{1}{l+k+1} + \frac{1}{l-k} \right\} = \sum_{q=1}^{2l} \frac{1}{q}$$
$$\sum_{l=k+1}^{\infty} \left\{ \frac{1}{l-k} - \frac{1}{l+k+1} \right\} = \sum_{q=1}^{2k+1} \frac{1}{q} \qquad (7.53)$$

に注意すると, (7.52) は

$$(7.52) = \frac{1}{16} \sum_{l=1}^{\infty} \frac{b_l}{2l+1} \cdot \sum_{q=1}^{2l} \frac{1}{q} - \frac{1}{16} \sum_{k=0}^{\infty} \frac{b_k}{2k+1} \cdot \sum_{q=1}^{2k+1} \frac{1}{q}$$
$$= -\frac{1}{16} \sum_{k=0}^{\infty} \frac{b_k}{(2k+1)^2}$$
$$= -\frac{1}{16} \sum_{k=0}^{\infty} \frac{1}{(4k+2)^2 - 1} \cdot \frac{1}{(2k+1)^2}$$
$$= -\frac{1}{4} \sum_{k=0}^{\infty} \frac{1}{(4k+2)^2 - 1} \cdot \frac{1}{(4k+2)^2} \qquad (7.54)$$
$$= -\frac{1}{4} \sum_{k=0}^{\infty} \left\{ \frac{1}{(4k+2)^2 - 1} - \frac{1}{(4k+2)^2} \right\}$$
$$= -\frac{1}{4} \sum_{k=0}^{\infty} b_k + \frac{1}{16} \sum_{k=0}^{\infty} \frac{1}{(2k+1)^2}$$

(7.51) および (7.54) を (7.50) に代入して整理すると (7.48) を得る.

　以上, Leibniz の公式から, ゼータ関数に関する Euler の結果が導かれることを見た. しかし上の証明を変形規則 (i)～(iv) だけで記述しようとすると, 式 (7.53)

を導く部分で止まってしまう．この問題は単純化すると，

$$\sum_{n=1}^{\infty} \frac{1}{n(n+1)} = 1 \tag{7.55}$$

というよく知られた関係式 (を多変数化したもの) を，変形規則 (i)〜(iv) だけで導くことができるか? という問題になるが，筆者は答えを知らない．上の例 (7.55) の場合，各項が $\frac{1}{n} - \frac{1}{n+1}$ のように，数列 $\frac{1}{n}$ の階差になること，および $\lim_{n\to\infty} \frac{1}{n} = 0$ を使っている．いくつかの級数の変形の例を見ている限り，一般には 0 に収束する超幾何数列を使う，つまり，0 に収束する超幾何級数の階差をとったものは，和が 0 に収束するという性質を使っているケースが多い．

数列 a_n が超幾何数列とすると，定義より多項式 $p(x), q(x) \in \overline{\mathbb{Q}}[x]$ と $n_0 \geq 0$ が存在して，$n \geq n_0$ に対して $a_n = a_{n_0} \cdot \prod_{k=n_0+1}^{n} \frac{p(k)}{q(k)}$ と表される．簡単のため，$n > n_0$ に対しては，$a_n \neq 0$ 仮定すると，$\lim_{n\to\infty} a_n = 0$ か否かは以下のように簡単に判定できる．

命題 7.29 上の超幾何数列 $\{a_n\}$ に対して，$\lim_{n\to\infty} a_n = 0$ となるための必要十分条件は，以下の (a), (b), (c) のいずれかが成り立つことである．

(a) $\deg p < \deg q$.

(b) $\deg p = \deg q$ かつ，
$$\begin{aligned} p(x) &= r_0 x^d + r_1 x^{d-1} + \cdots, \\ q(x) &= s_0 x^d + s_1 x^{d-1} + \cdots, \end{aligned} \tag{7.56}$$

と置いたとき，$|\frac{r_0}{s_0}| < 1$.

(c) $\deg p = \deg q$ かつ，上の $p(x), q(x)$ を (7.56) のように置いたとき，$|\frac{a_0}{b_0}| = 1$ かつ，
$$\mathrm{Re}\left(\frac{r_1}{r_0} - \frac{s_1}{s_0}\right) < 0$$

が成り立つ．

最後の規則 (v) を以下の形で定式化しておく．

(v) $(a_{i_1,i_2,\cdots,i_n})$ を n 変数のホロノミック数列として, $i_2,\cdots,i_n$ を固定すると, i_1 に関しては超幾何数列であり, さらに

$$\lim_{i_1\to\infty} a_{i_1,i_2,\cdots,i_n} = 0$$

とする. このとき, ホロノミック級数

$$f(z_1,z_2,\cdots,z_n) = (1-z_1)\sum_{i_1,\cdots,i_n} a_{i_1,i_2,\cdots,i_n} z_1^{i_1}\cdots z_n^{i_n}$$

は $z_1 = 1$ が代入可能で, $f|_{z_1=1} = 0$ となる.

例 7.15 における Leibniz の公式からオイラーの公式の導出も規則 (v) を使うことを許せば, (i)〜(v) の変形規則で導出できる.

このように級数に関する変形規則を定式化してはみたが, 結局の所ホロノミック数の変換規則を完全に代数化できるかどうかは決定的なことはいえないというのが正直なところである. 周期を考える際にはコンパクトな代数多様体の上のサイクル上の積分なので, あまり心配する必要がなかった収束に関する問題も考える必要が出てくるのがホロノミック級数の難しいところだと思われる.

級数の場合の等号判定を目指して, かえって Kontsevich-Zagier の予想 2.6 の単純明快さが明らかになったとも考えられる. 周期はホロノミック数の一部であるが, 単に一部であるというだけではなく, ホロノミック数に比べると「扱いやすい」数たちなのかもしれない. さらに, このような予想を定式化したくなること自体, 単に我々が「二つの級数の値が等しいことを示す方法を, あまりたくさん知っていない」という事実を表明しているのに過ぎないのかもしれない.

問題 7.5 連分数や無限積表示を含める形で変換規則を定式化せよ.

第 8 章
Kontsevich-Zagier の予想と類似の問題

8.1 組合せ論的類似

数学において難問に直面した際にはしばしば「簡単そうな類似の問題を考える」ということが行われる．連続的な多様体の問題の離散近似としてグラフの上の問題を定式化したり，ゼータ関数の零点に関する有名な Riemann 予想の類似としての Weil 予想等がある．特に後者の Weil 予想は Grothendieck をして代数幾何を基礎から変革せしめ，未完の大理論「モチーフ理論」を構想させた．(さらに Kontsevich-Zagier の予想にも関わってくる．)

本章では Kontsevich-Zagier の予想 2.6 の組合せ論的類似を追求し，「解ける」設定を供することで本書の締めくくりとしたい．ここで考えたい類似は

有限集合 X の位数 $\#X = |X|$ を積分のアナロジーとみなす

という視点である．

もちろんこれはよく知られたアナロジーであり，それどころか「有限集合 X に Dirac 測度を与えて積分を考えれば，$\#X$ は定数関数 1 の積分である」という定式化も可能であるが，より素朴に，空間や図形の面積や体積などは積分を使って定義されるので，有限集合の "大きさ" を測る位数 $\#X$ は面積や体積の離散類似とみなせる，という程度の捉え方で十分である．

しかし "大きさ" を測るだけなら，$(\#X)^2$ でも $2^{\#X}$ でもよい．位数 $\#X$ が積分のアナロジーとみなされることには他にも理由がある．それは次の命題で定式化される．

命題 8.1 X, Y を有限集合とする．$X \cap Y = \varnothing$ とする．このとき次が成り立つ．

$$\#(X \cup Y) = \#X + \#Y. \tag{8.1}$$

上の加法性 (8.1) はまさに積分の線形性 (予想 2.6) の類似である. "大きさ" を測る他の関数, たとえば $(\#X)^2$ や $2^{\#X}$ 等に対しては (8.1) は成立しない.

余談であるが, Grothendieck がモチーフ理論を構想した直感は, 代数幾何やトポロジーのコホモロジー理論に (8.1) に類似した関係式が現れるという観察に基づいていると筆者は想像している.

とりあえず積分の類似として有限集合の位数 $\#X$ を考えるという方針は固まった. では Kontsevich-Zagier の予想 2.6 「周期の間の等式は代数的な操作で得られる」の類似としてどのような問題があり得るだろうか?

8.2 全単射的証明

数え上げ組合せ論の基本問題は, 有限集合 X が与えら得たとき, その位数 $\#X$ を決定することである. また, 二つの有限集合 X, Y に対して $\#X = \#Y$ を示すことが目標となることもある. その証明方法としては, 位数 $\#X, \#Y$ を個別に計算して一致をみるという以外に, 全単射 $f: X \xrightarrow{\sim} Y$ を構成するという手段がある. このような証明を**全単射的証明** (bijective proof) と呼ぶ. これは数学的にハッキリと定式化された概念ではなく[1], その境界は曖昧である. 全単射的証明がどのようなものであるべきかという点については, 次節で少し論じることにして, ここでは簡単な例を通してその雰囲気をつかんでもらおう.

例 8.1 $[n] = \{1, 2, \cdots, n\}$ とする. $n \geq 2$ に対して, 有限集合 X_n, Y_n を

$$X_n = \binom{[n]}{2} = \{A \in 2^{[n]} \mid \#A = 2\}$$

$$Y_n = \binom{[n]}{n-2} = \{B \in 2^{[n]} \mid \#B = n-2\}$$

---

[1] [69, p. 13] からそのあいまいさについて触れた部分を引用しておこう: "(全単射証明とそうでない証明の間の) ... 正確な境界はむしろはっきりしていない. 経験の浅い数え上げ論の研究者にとってそうでないと思われる論法でも, より経験を積んだ研究者によって全単射的証明と認められることもあるであろう."

としたとき, $\#X_n = \#Y_n$ を示せ.

もちろん, それぞれの位数が $\#X_n = \#Y_n = \frac{n(n-1)}{2}$ なので等しいことは明らかであるが, 補集合をとるという操作

$$X_n \ni A \longmapsto A^c = [n] \setminus A \in Y_n$$

が, X_n から Y_n への全単射を与えていることからも分かる.

位数を数えて $\#X_n = \#Y_n = \frac{n(n-1)}{2}$ を示すのと, 全単射を構成する方法とのどちらが良いかは純粋に趣味の問題であろう. 前者はその個数が明示的に分かる点で優れているといえる. 一方後者は, 逆説的ではあるが, その個数を具体的に求めることなく個数が等しいことを示している点が優れているといえる. 最後の「具体的な値を求めずに $\#X_n = \#Y_n$ を示す」という部分をまさにKontsevich-Zagier の予想の類似とみなそう, というのが類似を追求する基本方針である. 周期が等しければ積分の変形での証明が可能であるように, 有限集合の個数が等しければ, 全単射的証明が存在するかどうかを問う問題を提起しておこう.

問題 8.1 n に対して有限集合 X_n, Y_n が定まっているとする. 全ての n に対して, $\#X_n = \#Y_n$ であれば, 全単射的証明 $f_n : X_n \xrightarrow{\sim} Y_n$ が存在するか?

8.3 そもそも全単射証明とは何なのか?

しかし全単射証明とは何かがはっきりしない以上, 上の問題 8.1 の意味もはっきりしていない. 本節では (答えが得られるわけではないが) そもそも全単射的証明とは何なのかという問題を考えてみよう. ここで論じたいのは, 有限集合の列 X_n, Y_n が与えられているときに,

(a) $\#X_n = \#Y_n$ であることの証明.
(b) $\#X_n = \#Y_n$ であることの全単射的証明.

の比較である. まず (b) ができていれば (a) は明らかである. 問題は (a) が分かっている場合に (b) ができているといえるか, という点である. 二つの有限集

合の位数が等しいことと, 全単射が存在することは同値である. このことが意味するのは, X_n から Y_n への全単射の集合 $\mathrm{Bij}(X_n, Y_n)$ が空集合でないことである. 全ての n に対して集合 X_n と Y_n の間の全単射をとるというのは, 直積集合の元

$$(f_n)_n \in \prod_n \mathrm{Bij}(X_n, Y_n)$$

を一つ定めることに他ならない. ここで選択公理を使えば, 直積集合が空集合でないことが分かるので, 全ての n に対する全単射の組 $(f_n)_n$ が存在することが分かる. つまり, $\#X_n = \#Y_n$ が全ての n に対して分かった時点で, 全単射の組 $(f_n)_n$ の存在は (選択公理を使えば) 明らかである.

しかしだからといって, (a) ができれば自動的に全単射的証明 (b) ができていると考える人は少ないであろう. 全単射的証明における全単射は, 具体的に構成された写像であることが望ましいのである.

もう少し微妙なケースを見てみよう. 再び, 上の例 8.1 において, (a) が分かっているとする. (つまり $\#X_n = \#Y_n = \frac{n(n-1)}{2}$ を知っているとする.) そこで, $X_n = \binom{[n]}{2}, Y_n = \binom{[n]}{n-2}$ に辞書式順序を定めよう. (以下は X_5, Y_5 の元を辞書式順序で並べたもの.)

$$X_5 = \{12, 13, 14, 15, 23, 24, 25, 34, 35, 45\}$$
$$Y_5 = \{123, 124, 125, 134, 135, 145, 234, 235, 245, 345\}$$

このとき, まず最小元どうしを対応させ, 次に二番目の元どうしを対応させ, … と続けていくと, $\#X_n = \#Y_n$ であることから全単射が構成されることになる.

これは全単射を具体的に構成したことにはなるかもしれないが, 全単射的証明をしたことにはならないと個人的には感じている. そう感じる理由の一つは, 全単射であることの証明に, 位数の一致を使ってしまう点であろう.

このような例を見ていると, 全単射的証明における「全単射」は単なる全単射ではなく, 全単射の構成や全単射性の証明が位数を数えるよりも簡単でなければならないのであろう. 全単射的証明とは何か, を真面目に定義するアイデアはいくつか考えられるが, 一つは全単射の定義のアルゴリズミックな複雑性に注目し,

それを制限を加えることである.他には,全単射的証明における全単射に単なる全単射ではなく,ある種の関手性を要請するという方法も考えられる.次節以降で多面体上の格子点に関して,「自然な全単射はあるか?」という問題を扱う.

8.4 格子多面体の Ehrhart 多項式

$P \subset \mathbb{R}^d$ を格子多面体,つまり有限個の格子点 $p_1, \cdots, p_k \in \mathbb{Z}^d (\subset \mathbb{R}^d)$ の凸包とする.自然数 n に対して,多面体 P を n 倍した多面体 nP に含まれる (境界も含めて考える) 格子点の集合を

$$X_n(P) := (nP) \cap \mathbb{Z}^d \tag{8.2}$$

と置く.明らかに $X_n(P)$ は有限集合であり,位数 $\#X_n(P)$ は P の体積の離散類似とみなせる.実際,$\lim_{n \to \infty} \frac{\#X_n(P)}{n^d} = \mathrm{vol}(P)$ である [2].Kontsevich-Zagier の予想の離散類似として,次の問題を考えよう.

問題 8.2 $P_1, P_2 \subset \mathbb{R}^d$ を格子多面体とする.任意の $n > 0$ に対して $\#X_n(P_1) = \#X_n(P_2)$ が成り立つとき,$X_n(P_1)$ と $X_n(P_2)$ の間に自然な全単射は存在するか?

答は Yes で,実際ある種の関手性を持った全単射が構成される.準備として,格子点の個数 $\#X_n(P)$ に関して知られていることをまとめておこう.

定理 8.2 d 次元の格子多面体 $P \subset \mathbb{R}^d$ に対して,d 次の有理多項式 $L_P(t) \in \mathbb{Q}[t]$ が存在して,任意の自然数 n に対して $\#X_n(P) = L_P(n)$ が成立する.

上の定理の多項式 $L_P(t)$ を **Ehrhart 多項式**と呼ぶ.さらに,P° を P の内点の集合とすると,

$$\#(nP^\circ) \cap \mathbb{Z}^d = (-1)^d L_P(-n)$$

を満たすことが知られている (Ehrhart-Macdonald の相互律).

---

[2] 本節および次節において格子多面体の様々な結果を使うが,多くは [11, 40] に載っているものである.

行列式が ± 1 となるような整数成分の d 次正方行列 $A \in GL_d(\mathbb{Z})$ および整数成分ベクトル $\boldsymbol{b} \in \mathbb{Z}^d$ により定義されるアフィン変換 $f : \mathbb{R}^d \longrightarrow \mathbb{R}^d, \boldsymbol{x} \longmapsto f(\boldsymbol{x}) = A\boldsymbol{x} + \boldsymbol{b}$ をユニモジュラー変換と呼ぶ．ユニモジュラー変換は $\mathbb{Z}^d$ を $\mathbb{Z}^d$ に全単射でうつし，Ehrhart 多項式はユニモジュラー変換で不変であることに注意しておく．つまり，格子多面体 P とユニモジュラー変換 f に対して，$L_{f(P)}(t) = L_P(t)$ が成立する．

例 8.2 非負整数 $d \geq 0$ に対して，σ_d およびその内点 σ_d° を

$$\sigma_d = \{(x_1, \cdots, x_d) \in \mathbb{R}^d \mid x_1 \geq 0, \cdots, x_d \geq 0, x_1 + \cdots + x_d \leq 1\},$$

$$\sigma_d^\circ = \{(x_1, \cdots, x_d) \in \mathbb{R}^d \mid x_1 > 0, \cdots, x_d > 0, x_1 + \cdots + x_d < 1\},$$

とする．（ただし，σ_0 および σ_0° は共に一点からなる集合とする．）これらの Ehrhart 多項式は後で重要な役割を果たすので，特別に名前を付け，それぞれ $g_d(t), g_d^\circ(t)$ と置く．具体的には，

$$\begin{aligned} g_d(t) &= L_{\sigma_d}(t) = \frac{(t+1)(t+2)\cdots(t+d)}{d!}, \\ g_d^\circ(t) &= L_{\sigma_d^\circ}(t) = \frac{(t-1)(t-2)\cdots(t-d)}{d!}, \end{aligned} \tag{8.3}$$

である．（$g_0 = g_0^\circ = 1$ とする．）$d = 2$ の場合は，図 8.1 から，

$$\begin{aligned} g_2(t) &= 1 + 2 + \cdots + t + (t+1) = \frac{(t+1)(t+2)}{2}, \\ g_2^\circ(t) &= 1 + 2 + \cdots + (t-2) = \frac{(t-1)(t-2)}{2}, \end{aligned}$$

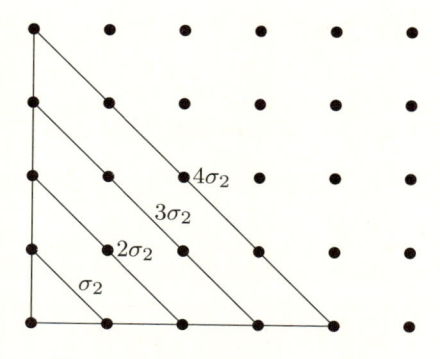

図 **8.1** 単位単体 σ_2 とその拡大

であることが分かり，一般には次元に関する帰納法で証明することができる．単体 σ_d およびそのユニモジュラー変換による像 $f(\sigma_d) \subset \mathbb{R}^d$ を**単位単体**と呼ぶ．

定理 8.2 の証明はたとえば [11, 69]，ここでは [40] に従って，三角形分割を使った証明を問題 8.2 に適用しやすい形にアレンジしたものを紹介しよう．

実係数一次式 $\alpha(x_1, \cdots, x_d) = a_1 x_1 + \cdots + a_d x_d + b$ が定める集合 $H := \{\boldsymbol{x} \in \mathbb{R}^d \mid \alpha(\boldsymbol{x}) = 0\}$ が多面体 P の**支持超平面**[3]であるとは，半平面 $H^+ := \{\boldsymbol{x} \in \mathbb{R}^d \mid \alpha(\boldsymbol{x}) \geq 0\}$ が P を含んでいることとする．支持超平面 H を使って，$F = H \cap P$ と表される P の部分集合 F を P の**面**という．面 F が生成するアフィン部分空間 $\langle F \rangle$ の次元を F の次元といい，$\langle F \rangle$ における F の内点の集合を F° で表す．定数関数 0 を一次式とみなすことで ($\alpha = 0$) $P \cap H = P$ 自身も多面体 P の面とみなす．また，0 次元の面 F を P の頂点と呼び，頂点 F に対しては $F^\circ = F$ と定めておく．多面体 P は面の内点を使って，

$$P = \bigsqcup_{F : P \text{ の面}} F^\circ \tag{8.4}$$

と分割することができる．

ここで Ehrhart の定理 8.2 の証明を紹介しよう．$P \subset \mathbb{R}^d$ を格子多面体とする．このとき，P 上の格子点の集合 $P \cap \mathbb{Z}^d$ を頂点集合とする三角形分割

$$P = \bigcup_{\alpha \in I} S_\alpha \tag{8.5}$$

が存在する (図 8.2)．ただし，S_α は d_α 次元の単体で，$d_\alpha \leq d$ である．この三角形分割を使って，上の (8.4) と同様に P の分割

$$P = \bigsqcup_{\alpha \in I} S_\alpha^\circ \tag{8.6}$$

を得る ([40, 13.11])．このような三角形分割は単位単体への分割となっており，各単体の面もそれぞれ単位単体である．この分割を使って nP 上の格子点の分割

$$nP \cap \mathbb{Z}^d = \bigsqcup_{\alpha \in I} (nS_\alpha^\circ \cap \mathbb{Z}^d) \tag{8.7}$$

---

[3] $(a_1, \cdots, a_d) \neq (0, \cdots, 0)$ のときは実際に H は超平面となるが，$(a_1, \cdots, a_d) = (0, \cdots, 0)$ のときは $H = \varnothing$ または $\mathbb{R}^d$ となる．半平面 H^+ も同様．

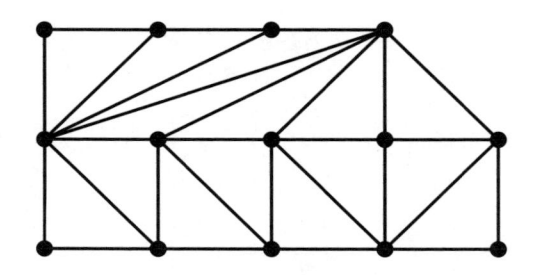

図 8.2 単位単体への三角形分割

が得られる．ここで S_α が d_α 次元の単位単体であることに注意すると，nS_α° 上の格子点の数は，

$$\#(nS_\alpha^\circ \cap \mathbb{Z}^d) = g_{d_\alpha}^\circ(n) \tag{8.8}$$

で与えられる．よって，nP 上の格子点の数は，

$$L_P(n) = \#(nP \cap \mathbb{Z}^d) = \sum_{\alpha \in I} g_{d_\alpha}^\circ(n) \tag{8.9}$$

となり，右辺は確かに n に関する多項式である．

例 8.3 図 8.3 の 2 次元多面体 P_1, P_2, P_3 を考える．P_1, P_2 は共に，$b_0 = 6, b_1 = 9, b_2 = 2$，$P_3$ は $b_0 = 5, b_1 = 8, b_2 = 4$ なので，

$$L_{P_1}(t) = L_{P_2}(t) = 6 + 9(t-1) + 4 \cdot \frac{(t-1)(t-2)}{2} = 2t^2 + 3t + 1$$

$$L_{P_3}(t) = 5 + 8(t-1) + 4 \cdot \frac{(t-1)(t-2)}{2} = 2t^2 + 2t + 1$$

となる．

公式 (8.9) を書き直してみよう．三角形分割 (8.6) において，$0 \le k \le d$ に対

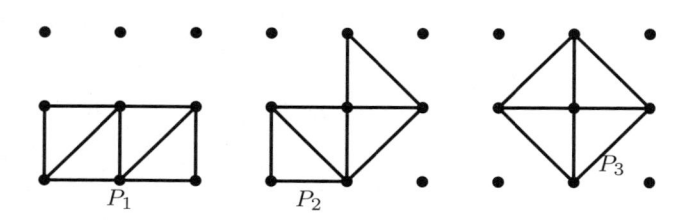

図 8.3

して，k 次元単体の個数を b_k とする．(特に，$b_0 = \#(P \cap \mathbb{Z}^d)$ である．) すると，公式 (8.9) は

$$L_P(t) = \sum_{k=0}^{d} b_k \cdot g_k^\circ(t) \tag{8.10}$$

となる．多項式 $g_k^\circ(t)$ が k 次の多項式なので，$\{g_k^\circ(t)\}_k$ は一次独立な多項式系である．よって，Ehrhart 多項式 $L_P(t)$ の $\{g_k^\circ(t)\}_k$ による表示 (8.10) は一意的であり，Ehrhart 多項式 $L_P(t)$ が分かっていれば，P を単位単体を使って三角形分割した際の各次元の単体の個数 b_k が純代数的に求めることができる．

以上の考察に基づいて，問題 8.2 に対する答えを与えてみよう．問題は，二つの格子多面体 P_1, P_2 の Ehrhart 多項式が一致 $L_{P_1}(t) = L_{P_2}(t)$ するとき，格子点の集合 $X_n(P_1)$ と $X_n(P_2)$ は個数が等しくなるので，その間に自然な全単射が構成できるか，というものであった．$X_n(P_i)$ 全体を $\frac{1}{n}$ 倍しておいて，$P_1 \cap \frac{1}{n}\mathbb{Z}^n, P_2 \cap \frac{1}{n}\mathbb{Z}^n$ の間の全単射を構成しよう．

多項式系 $\{g_k^\circ(t)\}_k$ は $\mathbb{Q}[t]$ の基底をなすので，まず Ehrhart 多項式を $L_{P_1}(t) = L_{P_1}(t) = \sum_{k=0}^{d} b_k \cdot g_k^\circ(t)$ と表示しておく．ここで理論的には，$b_k \in \mathbb{Q}$ であるが，実は非負整数となる．というのも，多面体 P_i を $P_i \cap \mathbb{Z}^d$ を頂点集合として三角形分割して $P_i = \bigcup_{\alpha \in I_i} S_{i,\alpha}$ としておく．上の考察から，b_k は k 次元単体の個数だからである．このように，P_i を格子点を頂点集合とする単位単体への三角形分割を与えた際の各次元の単体の個数が Ehrhart 多項式 $L_{P_1}(t) = L_{P_2}(t)$ から復元できるわけである．特に単体の総数も等しいので，$I_1 = I_2 = I$ としておく．さらに，$P_2 = \bigcup_{\alpha \in I} S_{2,\alpha}$ の順番を入れ替えておくことで，$\dim S_{1,\alpha} = \dim S_{2,\alpha}$ ($\forall \alpha \in I$) とすることもできる．各 $\alpha \in I$ ごとに，$f_\alpha(S_{1,\alpha}) = S_{2,\alpha}$ となるユニモジュラー変換 $f_\alpha : \mathbb{R}^d \longrightarrow \mathbb{R}^d$ を固定する．このとき，以下の分割

$$P_1 \cap \frac{1}{n}\mathbb{Z}^n = \bigsqcup_{\alpha \in I} (S_{1,\alpha}^\circ \cap \frac{1}{n}\mathbb{Z}^n),$$

$$P_2 \cap \frac{1}{n}\mathbb{Z}^n = \bigsqcup_{\alpha \in I} (S_{2,\alpha}^\circ \cap \frac{1}{n}\mathbb{Z}^n),$$

において，各 $\alpha \in I$ ごとに，ユニモジュラー変換 f_α が全単射

$$f_\alpha : S_{1,\alpha}^\circ \cap \frac{1}{n}\mathbb{Z}^n \xrightarrow{\simeq} S_{2,\alpha}^\circ \cap \frac{1}{n}\mathbb{Z}^n$$

を引き起こす．これにより任意の自然数 $n>0$ に対して $X_n(P_1)$ と $X_n(P_2)$ の間の全単射を与えたことになる．

注意 8.1 以上で Ehrhart 多項式が等しい多面体の n 倍に含まれる格子点の間に全単射が存在することが示された．しかしこの全単射はどういう意味で『自然な全単射』なのであろうか？ この写像は以下の意味での関手性を持っているために『自然』であると考えられる．$\mathcal{A}$ を $\mathbb{Z} \subset G \subset \mathbb{R}$ となるアーベル群 G たちとそれらの間の包含写像からなる圏とする．格子多面体 $P \subset \mathbb{R}^d$, $G \in \mathcal{A}$ に対して，$L_P(G) = P \cap G^d$ とすると，$G_1 \subset G_2$ なら $L_P(G_1) \subset L_P(G_2)$ なので，L_P は圏 $\mathcal{A}$ から集合の圏への関手である．上で構成した全単射は，実は二つの関手の間の同型

$$L_{P_1} \xrightarrow{\simeq} L_{P_2} \tag{8.11}$$

を与えている．つまり，二つの格子多面体 P_1, P_2 の Ehrhart 多項式が等しければ関手 L_{P_1}, L_{P_2} が同型であることが分かる．逆にこれらの関手が同型であれば，これらの関手に $\frac{1}{n}\mathbb{Z}^n \in \mathcal{A}$ を代入することで，

$$\# L_{P_1}\left(\frac{1}{n}\mathbb{Z}^n\right) = \# L_{P_2}\left(\frac{1}{n}\mathbb{Z}^n\right)$$

となる．両辺はそれぞれ $L_{P_1}(n), L_{P_2}(n)$ に等しいので，P_1, P_2 の Ehrhart 多項式が等しいことが分かる．まとめると，P_1, P_2 の Ehrhart 多項式が等しくなるための必要十分条件は，関手 L_{P_1}, L_{P_2} が同型となることであることが分かる．

問題 8.3 格子多面体や有理多面体とは限らない多面体 P に対して，関手 L_P を考えることで Ehrhart 理論を展開せよ．

8.5 半多面体的集合の Grothendieck 半群

最後に，問題 8.2 に対する上の全単射の別の定式化をして終わろう．第 2 章 2.3 節で行ったことを思い出そう．そこでは抽象的周期環を定義して「積分を

するという操作が抽象的周期環から $\mathbb{C}$ への単射になるであろう」という形で Kontsevich-Zagier の予想を定式化しなおしたのであった (予想 2.8).

抽象的周期環に対応する, 半多面体的集合の Grothendieck 半群を以下に定義する.

定義 8.3 部分集合 $S \subset \mathbb{R}^d$ が格子**半多面体的集合**であるとは, 有限個の格子多面体 $P_1, \cdots, P_k \subset \mathbb{R}^d$ と各々の面 $F_i \subset P_i$ が存在して,

$$S = F_1^\circ \sqcup \cdots \sqcup F_k^\circ$$

と表されることとする. 半多面体的集合全体の集合を $\mathcal{S}emi\mathcal{P}oly$ と表す.

ここで半多面体的集合 $S \in \mathcal{S}emi\mathcal{P}oly$ に対しても ($S \subset \mathbb{R}^d$ とする), Ehrhart 関数

$$L_S(n) = \#(nS \cap \mathbb{Z}^d)$$

が定義されることに注意しよう. 半多面体的集合の定義と前節の考察から $L_S(n)$ も n に関する多項式となることは明らかであろう.

既に述べたように, 多面体や半多面体的集合は半代数的集合の類似で, Ehrhart 多項式はその半代数的集合の体積 (積分) の類似である. 第 2 章の §2.3 で述べた抽象的周期環の類似物として, 半多面体的集合の Grothendieck 半群をここで導入しよう.

定義 8.4 半多面体的集合 $S \in \mathcal{S}emi\mathcal{P}oly$ で生成される可換自由半群

$$\bigoplus_{S \in \mathcal{S}emi\mathcal{P}oly} \mathbb{Z}_{\geq 0} \cdot [S]$$

を次で生成される同値関係で割って得られる半群を半多面体的集合の **Grothendieck 半群**といい, $K^+(\mathcal{S}emi\mathcal{P}oly)$ で表す. (ただし $[S]$ は半多面体 S が表す半群の元である.)

(i) $S_1 \subset \mathbb{R}^n, S_2 \subset \mathbb{R}^m$ を半多面体的集合とする. ある $k \geq \max\{m, n\}$ があって, $\mathbb{R}^k = \mathbb{R}^m \times \mathbb{R}^{k-m} = \mathbb{R}^n \times \mathbb{R}^{k-n}$ によって S_1, S_2 を $\mathbb{R}^k$ に含まれた半多面体的集合とする. ユニモジュラー変換 $f : \mathbb{R}^k \longrightarrow \mathbb{R}^k$ があって, $f(S_1) = S_2$ となるとき, $[S_1] \sim [S_2]$ とする.

(ii) $S, S_1, S_2 \subset \mathbb{R}^n$ が半多面体的集合で, $S = S_1 \sqcup S_2$ のとき, $[S] \sim [S_1] + [S_2]$ とする.

上の同値関係は, 言い換えると, ユニモジュラー変換で移りあう半多面体的集合は同一視し, 二つの半多面体的集合の非交和は半群の和とみなすというものである.

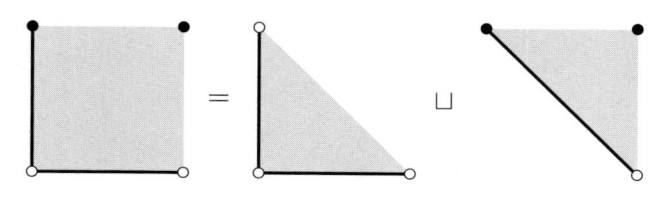

図 8.4 格子半多面体的集合の分割

Ehrhart 多項式 $L_S(t)$ は, S のユニモジュラー変換で不変で, さらに $S = S_1 \sqcup S_2$ のときは明らかに $L_S(t) = L_{S_1}(t) + L_{S_2}(t)$ なので写像

$$L : K^+(\mathcal{S}emi\mathcal{P}oly) \longrightarrow \mathbb{Q}[t]$$
$$[S] \longmapsto L_S(t), \tag{8.12}$$

が well-defined であることが分かる.

抽象的周期環を使って定式化した使った Kontsevich-Zagier の予想 2.8 のアナロジーは, 上の写像 (8.12) の単射性である. この写像 (8.12) が単射であることを証明しよう. まず, 前節で使った格子点を頂点とする三角形分割から, 任意の半多面体的集合は, 単位多面体の内点集合の非交和として表される. つまり, Grothendieck 半群の任意の元は,

$$\sum_d b_d \cdot [\sigma_d^\circ],$$

($b_d \in \mathbb{Z}_{\geq 0}$) と表示されることが分かる. 開単体 σ_d° の写像 (8.12) による像は, $g_d^\circ(t)$ で, これらは一次独立なので, 元の開単体たち $\{[\sigma_d^\circ]\}_d$ も一次独立であり, かつ写像 (8.12) が単射であることも分かる.

以上の証明から, ついでに Grothendieck 半群の構造が

$$K^+(\mathcal{S}emi\mathcal{P}oly) = \bigoplus_{d=0}^{\infty} \mathbb{Z}_{\geq 0} \cdot [\sigma_d^\circ]$$

となり，また写像 (8.12) の像は

$$\sum_{d=0}^{\infty} \mathbb{Z}_{\geq 0} \cdot g_d^\circ(t) \subset \mathbb{Q}[t]$$

であることも分かった．

関連図書

[1] E. J. Aiton (渡辺正雄訳), ライプニッツの普遍計画―バロックの天才の生涯, 工作舎 (1990).

[2] More mathematical people : contemporary conversations. Edited by D. J. Albers, G. L. Alexanderson , C. Reid. Harcourt Brace Jovanovich; 1st ed edition, 1990. (邦訳: アメリカの数学者たち, 青土社, 1993)

[3] 荒川恒男, 金子昌信, 多重ゼータ値入門. MI Lecture Note Series Vol. 23

[4] 穴井宏和, 横山和弘, QE の計算アルゴリズムとその応用―数式処理による最適化, 東京大学出版会 (2011).

[5] V. I. アーノルド (蟹江幸博訳), 数理解析のパイオニアたち (シュプリンガー数学クラブ), 丸善出版 (2012), 151 pp.

[6] Y. André, G-functions and geometry. Aspects of Mathematics, E13. Friedr. Vieweg & Sohn, Braunschweig, 1989. xii+229 pp.

[7] Y. André, Une introduction aux motifs. Panoramas et Synthèses, 17. Société Mathématique de France, Paris, 2004. xii+261 pp.

[8] Y. André, Galois theory beyond algebraic numbers and algebraic functions. *Colloquium de Giorgi 2010-2012*, 1-7, Colloquia, 4, Ed. Norm., Pisa, 2013.

[9] J. Ayoub, Une version relative de la conjecture des périodes de Kontsevich-Zagier. *Ann. of Math.*, **181** (2015), no. 3, 905-992.

[10] J. Ayoub, Periods and the conjectures of Grothendieck and Kontsevich-Zagier. *European Mathematical Society Newsletter* No. 91, March 2014.

[11] M. ベック, S. ロビンス (岡本吉央訳), 離散体積計算による組合せ数学入門, 丸善出版 (2012).

[12] L. Berggren, J. Borwein, P. Borwein, Pi: a source book. Third edition. Springer-Verlag, New York, 2004. xx+797 pp.

[13] S. Basu, R. Pollack, M. -F. Roy, Algorithms in real algebraic geometry. Second edition. Algorithms and Computation in Mathematics, 10. Springer-Verlag, Berlin, 2006. x+662 pp.

[14] J. Bochnak, M. Coste, M. -F. Roy, Real algebraic geometry. Ergebnisse der Mathematik und ihrer Grenzgebiete (3) 36. Springer-Verlag, Berlin, 1998.

[15] フロリアン・カジョリ (小倉金之助訳), 初等数学史 上―古代中世―, 共立出版 (1970).

[16] D. H. Bailey, J. M. Borwein, P. B. Borwein, S. Plouffe, The quest for pi. Math. Intelligencer **19** (1997), no. 1, 50-57.

[17] J. -E. Björk, Rings of differential operators. North-Holland Mathematical Library, 21. North-Holland Publishing Co., Amsterdam-New York, 1979. xvii+374 pp.

[18] P. Borwein, The amazing number π. Nieuw Arc. Wisk. (Ser. 5) **1** (2000) 254-258.

[19] B. F. Caviness, On canonical forms and simplification. J. Assoc. Comput. Mach. **17** (1970) 385-396.

[20] H. -C. Chan, More formulas for π. Amer. Math. Monthly **113** (2006), no. 5, 452-455.

[21] S. チャンドラセカール (中村誠太郎 (監訳)), チャンドラセカールの「プリンキピア」講義, 講談社 (1998).

[22] P. J. Davis, Are there coincidences in mathematics? Amer. Math. Monthly **88** (1981), no. 5, 311-320.

[23] M. Davis, Hilbert's tenth problem is unsolvable. Amer. Math. Monthly **80** (1973), 233-269.

[24] M. Davis, The universal computer. The road from Leibniz to Turing. Turing centenary edition. CRC Press, Boca Raton, FL, 2012. xiv+224 pp. ISBN: 978-1-4665-0519-3

[25] P. Deligne, Hodge cycles on abelian varieties (notes by J. S. Milne). Hodge cycles, motives, and Shimura varieties. Lecture Notes in Mathematics vol. 900. Springer, 1982.

[26] ウンベルト・エーコ (上村忠男, 廣石正和訳), 完全言語の探求 (平凡社ライブラリー), 平凡社 (2011).

[27] F. El Zein, L. W. Tu, From Sheaf Cohomology to the Algebraic de Rham

Theorem. (E. Cattani, F. El Zein, P. A. Griffiths, L. D. Tráng 編 "Hodge Theory", Princeton University Press, 2014, 第二章)

[28] H. B. Enderton, A mathematical introduction to logic. Second edition. Harcourt/Academic Press, Burlington, MA, 2001. xii+317 pp.

[29] P. Flajolet, R. Sedgewick, Analytic combinatorics. Cambridge University Press, Cambridge, 2009. xiv+810 pp.

[30] O. Forster, Lectures on Riemann Surfaces. Springer, 1981.

[31] B. Friedrich, Periods and algebraic deRham cohomology, arXiv:math/0506113

[32] S.G. ギンディキン (三浦伸夫訳), ガウスが切り開いた道 (シュプリンガー数学クラブ), 丸善出版 (2012).

[33] G. I. Gerhardt, Leibnizens mathematische schriften. Erste Abtheilung Band II (1850)

[34] A. Grothendieck, On the de Rham cohomology of algebraic varieties. *Inst. Hautes Études Sci. Publ. Math.* **29** (1966) 95-103.

[35] G. H. Hardy, Divergent series. With a preface by J. E. Littlewood and a note by L. S. Bosanquet. Reprint of the revised (1963) edition. Éditions Jacques Gabay, Sceaux, 1992. xvi+396 pp

[36] R. Hartshorne, Algebraic Geometry. Springer. (高橋宣能, 松下大介訳, 代数幾何学 1, 2, 3, 丸善出版 (2012))

[37] Julian Havil (新妻弘訳), オイラーの定数ガンマ —γで旅する数学の世界—, 共立出版 (2009).

[38] 林知宏, ライプニッツ：普遍数学の夢, コレクション数学史 2. 東京大学出版会 (2003).

[39] 林知宏, ライプニッツと円周率, 数学文化第 1 号 (2003), 49–58.

[40] 日比孝之, 可換代数と組合せ論 (シュプリンガー現代数学シリーズ), シュプリンガー東京 (1995).

[41] Joseph H. Hofmann, Leibniz in Paris 1672-1676: His Growth to Mathematical Maturity. Cambridge University Press, 2008.

[42] 堀田良之, 代数入門—群と加群 (数学シリーズ), 裳華房 (1987).

[43] R. M. Hovstad, The series $\sum_{k=1}^{\infty} 1/k^{2p}$, the area of the unit circle and

Leibniz' formula. Nordisk Mat. Tidskr. 20 (1972), 92-98, 120.

[44] N. Hur, J. H. Davenport, An exact real algebraic arithmetic with equality determination. *Proceedings of the 2000 International Symposium on Symbolic and Algebraic Computation (St. Andrews)*, 169-174, ACM, New York, 2000.

[45] 飯田隆, 言語哲学大全 1 論理と言語, 勁草書房 (1987).

[46] 石黒ひで, ライプニッツの哲学—論理と言語を中心に 増補改訂版, 岩波書店 (2003).

[47] 伊東俊太郎, 十二世紀ルネサンス (講談社学術文庫), 講談社 (2006).

[48] 菊池誠, 不完全性定理, 共立出版 (2014).

[49] 木村俊一, 連分数のふしぎ (ブルーバックス), 講談社 (2012).

[50] K. Knopp, Infinite sequences and series. Translated by Frederick Bagemihl. Dover Publications, Inc., New York, 1956. v+186 pp.

[51] 小林昭七, 円の数学, 裳華房 (1999).

[52] M. Kontsevich, D. Zagier, Periods. *Mathematics unlimited-2001 and beyond*, 771-808, Springer, Berlin, 2001. (黒川信重訳, 周期. 数学の最先端 21 世紀への挑戦 1, 74-125, シュプリンガー・フェアラーク東京 (2002).)

[53] S. Lang, Introduction to transcendental numbers. Addison-Wesley Publishing Co., Reading, Mass.-London-Don Mills, Ont. 1966 vi+105 pp.

[54] ライプニッツ著作集 2 数学論・数学, (中村幸四郎, 原亨吉, 三浦伸夫, 斎藤憲, 倉田隆, 佐々木力, 馬場郁, 安藤正人訳), 工作舎 (1997).

[55] ライプニッツ著作集 3 数学・自然学, (中村幸四郎, 原亨吉, 三浦伸夫, 倉田隆, 長島秀男, 横山雅彦, 馬場郁, 西敬尚, 下村寅太郎, 山本信訳), 工作舎 (1999).

[56] ライプニッツ著作集 10 中国学・地質学・普遍学, (山下正男, 小林道夫, 谷本勉, 松田毅訳), 工作舎 (1991).

[57] 永田雅宜, 可換体論 (数学選書 (6)), 裳華房 (1985).

[58] 大阿久俊則, D 加群と計算数学 (すうがくの風景), 朝倉書店 (2002).

[59] T. Ohmoto, M. Shiota, C^1-triangulations of semialgebraic sets. arXiv:1505.03970

[60] M. Petkovšek, H. S. Wilf, D. Zeilberger (小林菱治, 伊藤尚史訳), $A = B$ — 等式証明とコンピュータ, トッパン (1997).

[61] B. Poonen, D. Testa, R. van Luijk, Computing Néron-Severi groups and cycle class groups. arXiv:1210.3720

[62] M. B. Pour-El, J. I. Richards, Computability in analysis and physics. Perspectives in Mathematical Logic. Springer-Verlag, Berlin, 1989. xii+206 pp.

[63] D. Richardson, Some undecidable problems involving elementary functions of a real variable. *J. Symbolic Logic* **33** (1968), 514-520.

[64] R. Roy, The discovery of the series formula for π by Leibniz, Gregory and Nilakantha. *Math. Mag.* **63** (1990), no. 5, 291-306.

[65] 齋藤恭司, 一数学者の青春の夢. IPMU NEWS, No. 9 (2010), 24-29.

[66] 塩川宇賢, 無理数と超越数, 森北出版 (1999).

[67] C. Simpson, Algebraic cycles from a computational point of view. *Theoret. Comput. Sci.* **392** (2008), no. 1-3, 128-140.

[68] R. P. Stanley, Differentiably finite power series. *European J. Combin.* **1** (1980), no. 2, 175-188.

[69] R. スタンレイ (成嶋弘他訳), 数え上げ組合せ論 I, 日本評論社 (1990).

[70] R. P. Stanley, Enumerative combinatorics. Vol. 2. With a foreword by Gian-Carlo Rota and appendix 1 by Sergey Fomin. Cambridge Studies in Advanced Mathematics, 62. Cambridge University Press, Cambridge, 1999. xii+581 pp.

[71] マシュー・スチュアート (桜井直文, 朝倉友海訳), 宮廷人と異端者 ライプニッツとスピノザ, そして近代における神, 書肆心水 (2011).

[72] 高木貞治, 代数学講義 改訂新版, 共立出版, (1965).

[73] 高野恭一, 常微分方程式 新数学講座 (6), 朝倉書店 (1994).

[74] N. Takayama, An approach to the zero recognition problem by Buchberger algorithm. *J. Symbolic Comput.* **14** (1992), no. 2-3, 265-282.

[75] 寺杣友秀, Hodge 予想. 数学, **54** (2002), 202-213.

[76] A. M. Turing, On Computable Numbers, with an Application to the Entscheidungsproblem. *Proc. London Math. Soc.* Ser. 2, **42**, 230-267.

[77] 梅村浩, 古典数について. 数学, Vol. **41** (1989) no. 1, 1-15.

[78] H. Umemura, On a class of numbers generated by differential equations

related with algebraic groups. *Nagoya Math. J.* **133** (1994), 1-55.

[79] P. S. Wang, The undecidability of the existence of zeros of real elementary functions. *J. Assoc. Comput. Mach.* **21** (1974), 586-589.

[80] ファン・デル・ヴェルデン (銀林浩訳), 現代代数学 1, 東京図書 (1959).

[81] V. Voevodsky, Univalent Foundations, (2014 年 3 月 26 日の講演ファイル).

[82] G. Wüstholz, Leibniz' conjecture, periods & motives. *Colloquium De Giorgi 2009* (Ed. U. Zannier), Scuola Normale Superiore Pisa 2012.

[83] 山本義隆, 古典力学の形成—ニュートンからラグランジュへ, 日本評論社 (1997).

[84] M. Yoshinaga, Periods and elementary real numbers. arXiv:0805.0349

[85] D. Zagier, Values of zeta functions and their applications. *First European Congress of Mathematics, Vol. II (Paris, 1992)*, 497-512, Progr. Math., 120, Birkhäuser, Basel, 1994.

[86] D. Zeilberger, A holonomic systems approach to special functions identities. *J. Comput. Appl. Math.* **32** (1990), no. 3, 321-368.

索　引

欧　文

0-認識問題　20

Bernstein の不等式　139
Bernstein フィルトレーション　137
Boineburg, Johann Christian von (1622-1672)　43
Brouncker, William (1620-1684)　133

CAD　73, 75
Čech コホモロジー　111
Church-Turing の提唱　85

Diophantine 集合　98
Dolbeault コホモロジー　115

Ehrhart 多項式　175
Euler, Leonhard (1707-1783)　133
Euler 作用素　149
Euler 定数　162
Euler の公式　46

Fibonacci 数列　2, 150
Fourier 変換　148, 156
Frege, Gottlob (1848-1925)　54
ℱ-不変集合　74
ℱ-不変な CAD　76

Gauss 積分　33
Gödel 数　91

Godement 分解　108
Grothendieck の周期予想　106, 124
Grothendieck 半群　181

Hadamard 積　136
Hardt の自明化定理　81
Hilbert, David (1862-1943)　98
Hilbert 多項式　138
Hodge サイクル　125
Hodge フィルトレーション　113, 116
Hodge 予想　106, 125
Huygens, Christiaan (1629-1695)　44

Johann Friedrich (1625-1679)　43

Kontsevich-Zagier 予想　32
$K[z]_{\leq d}$　141

Legendre の関係式　123
Leibniz, Gottfried Wilhelm (1646-1716)　42
Leibniz の公式　45, 133
Lindemann　9
Liouville, Joseph (1809-1882)　56
Liouville 数　24
$L_n(K)$ (形式的 Laurent 級数環)　136

Machin, John (1680-1751)　133

Newton, Isaac (1642-1727)　42

191

192　索　引

$\mathcal{P}_{\mathrm{KZ}}^{\mathrm{eff}}$ (抽象的周期環)　36
P-再帰的　150

$\mathbb{R}_{\mathrm{alg}}$ (実代数的数の集合)　9
Ramanujan, Srinivasa (1887-1920)　133
$\mathbb{R}_{\mathrm{const}}$ (作図可能実数の集合)　7
Riemann ゼータ関数　26
R-論理式　68

Schönborn, Johann Philipp von (1605-1673)　43
Stokes の公式　33

Tarski, Alfred (1901-1983)　66
Tarski の量化記号消去定理　66, 72
Thom の補題　77
Turing, Alan (1912-1954)　83

Viète, François (1540-1603)　133

Wallis, John (1616-1703)　133
Weyl 代数　135, 137
$W_n(K)$　137

Zariski 位相　112

あ　行

エタール空間　107

か　行

可約多項式　11
簡約律　33
基本周期　25
既約多項式　11
既約表示 (実代数的数の)　16

ギリシアの三大作図問題　34
区間表示 (実代数的数の)　16
茎　107
計算可能関数　88
形式的 Laurent 級数　136
形式的 Laurent 級数環　135
形式的冪級数環　135
原始再帰的関数　86
原始再帰法　86
原始論理式　69
後者関数　85
誤差　16
古典関数　39
古典数　39

さ　行

再帰的可算集合　89
再帰的関数　88
再帰的集合　88
再帰的判定可能　94
最小化関数　87
最小多項式　11
作図可能実数　7
座標　4
算術的求積　45
次元　138
支持超平面　177
指数法則　31
実現　70
実閉体　67
シフト作用素　149
シフト代数　149, 156
周期　24, 26, 118
初等 (的) 数　39
セル　75

全域的関数　87
前層　107
全単射的証明　172
全複体　109
層　108
相対 de Rham コホモロジー　114

な 行

二次拡大　6

は 行

半代数的写像　68
半代数的集合　67
半代数的セル分割　30, 75
半多面体的集合　181
微分積分　42
被約化 (多項式の)　21
被約多項式　11
非輪状被覆　111
符号　74
部分体　6
文　69
ホロノミック級数　139, 140
ホロノミック数　161

た 行

体　6
代数関数　59, 146
代数的 de Rham コホモロジー　112, 113
代数的サイクル　121
代数的数　9
対数法則　31
第二種微分　120
多項式再帰的　150
多重ゼータ値　27
たたみ込み　148, 156
単位単体　177
抽象的周期　36
抽象的周期環　36, 181
抽象的単体複体　80
超越数　9
超幾何級数　135
超幾何数列　135
超コホモロジー　110
重複度　138
定義可能ホロノミック級数　160
等号認識問題　20

ま 行

無限小解析　42
芽　107
面 (多面体の)　177
面単体　80

や 行

ユニモジュラー変換　176

ら 行

量化記号　54, 66
量化記号消去　66

吉永正彦
よしなが・まさひこ

略　歴
1977 年　兵庫県生まれ
2004 年　京都大学大学院理学研究科数学・数理解析専攻数理解析系博士課程修了
　　　　神戸大学大学院理学研究科助教，京都大学大学院理学研究科助教を経て
現　　在　北海道大学大学院理学研究院准教授

問題・予想・原理の数学 2
周期と実数の0-認識問題
（しゅうき）（じっすう）（にんしきもんだい）
── Kontsevich-Zagier の予想 ──

2016 年 2 月 15 日　第 1 版第 1 刷発行

著者	吉永正彦
発行者	横山 伸
発行	有限会社　数学書房
	〒101-0051　東京都千代田区神田神保町 1-32-2
	TEL　03-5281-1777
	FAX　03-5281-1778
	mathmath@sugakushobo.co.jp
	振替口座　00100-0-372475
印刷・製本	モリモト印刷
組版	アベリー
装幀	岩崎寿文
企画・編集	川端政晴

ⓒMasahiko Yoshinaga 2016　Printed in Japan
ISBN 978-903342-42-9

問題・予想・原理の数学

加藤文元・野海正俊 編集

1. 連接層の導来圏に関わる諸問題　戸田幸伸 著
2. 周期と実数の0-認識問題—— Kontsevich-Zagier の予想　吉永正彦 著
3. Schubert多項式とその仲間たち　前野俊昭 著

〈以下続巻〉

多重ゼータ値にまつわる諸問題　大野泰生 著

Painlevé方程式　坂井秀隆 著

p進微分方程式・Rigidコホモロジー　志甫淳 著

アクセサリー・パラメーター　竹村剛一 著

非線形波動方程式　中西賢次 著

初等関数と超越関数　西岡斉治 著

Navier-Stokes 方程式　前川泰則・澤田宙広 著

Deligne-Simpson 問題とその周辺　山川大亮 著

幾何的ボゴモロフ予想　山木壱彦 著